应用型高等院校经管类系列实验教材·计算机

程序设计基础实验
——C语言程序设计
（第2版）

王　泽　鲜征征　黄承慧/主　编
蔡焕夫　潘章明　侯　昉/副主编

经济科学出版社
Economic Science Press

图书在版编目（CIP）数据

程序设计基础实验 / 王泽，鲜征征，黄承慧主编 . —2 版 .
—北京：经济科学出版社，2014.2（2018.8 重印）
应用型高等院校经管类系列实验教材
ISBN 978 - 7 - 5141 - 4247 - 1

Ⅰ.①程… Ⅱ.①王…②鲜…③黄… Ⅲ.①程序设计 -
高等学校 - 教材 Ⅳ.①TP311.1

中国版本图书馆 CIP 数据核字（2014）第 011591 号

责任编辑：白留杰　陈　晨
责任校对：隗立娜
责任印制：李　鹏

程序设计基础实验
——C 语言程序设计
（第 2 版）

王　泽　鲜征征　黄承慧　主　编
蔡焕夫　潘章明　侯　昉　副主编

经济科学出版社出版、发行　新华书店经销
社址：北京市海淀区阜成路甲 28 号　邮编：100142
教材分社电话：010 - 88191354　发行部电话：010 - 88191522
网址：www.esp.com.cn
电子邮箱：bailiujie518@126.com
天猫网店：经济科学出版社旗舰店
网址：http://jjkxcbs.tmall.com
北京密兴印刷有限公司印装
787×1092　16 开　12 印张　300000 字
2014 年 2 月第 2 版　2018 年 8 月第 2 次印刷
ISBN 978 - 7 - 5141 - 4247 - 1　定价：27.00 元
（图书出现印装问题，本社负责调换。电话：010 - 88191502）
（版权所有　翻印必究）

总　序

　　实践教学是高等教育本质的必然要求，是践行应用性人才培养的必经之路，是地方行业性教学型本科院校办学的重要特征。近几年来，各高校经济与管理类专业实验教学已经逐步开展，把实验教学作为教学改革的抓手、知识融合的平台以及联系社会的桥梁，然而如何进一步完善实验教学体系、提高实验实践教学水平与质量已经成为各高校亟待解决的问题。应用型高等院校经管类系列实验教材以提高高等院校经济与管理类专业实验教学的建设水平为目的，以实验教材建设为突破口，探讨高等院校经济与管理类实验教材的新方向、新思路、新内容、新模式。

　　本系列实验教材的编写紧紧围绕"知行合一，能力为尚，积淀特色，共享协作"的地方行业性教学型经济与管理类实验教学理念，贯彻以现代教育技术为基本手段，以实验资源共享与应用为条件，强化理论教学与实践教学互动与互补，"实践与理论相结合"和在"做中学"的指导思想，强调实验教材建设与实验课程建设、实验项目建设、实验教师队伍建设以及深化实验教学改革相结合，力图通过系列教材建设规范实验教学内容和实验项目，促进实验教学质量的提高。

　　（一）本系列实验教材内容与教学方式符合实验教学规律和要求。具体表现在以下几个方面：

　　1. 实验教材以实验项目为章节，按如下体例编写：实验目的和实验要求；实验的基本原理；实验仪器、软件和材料或实验环境；实验方法和操作步骤；实验注意事项；数据处理和实验结果分析；实验报告。当然，对于不同的课程，根据其本身的学科特点，实验教材的编写体例并不完全一致。

　　2. 增加综合性、设计性、创新性实验项目的比例，并逐步将科研成果项目转化为教材的实验项目。

　　3. 与当前流行的实验平台软件或硬件及教材内容紧密结合，符合一般软件要求。

　　4. 充分体现以学生为主体，明确实验教学的内涵。实验教学过程体现以学生操作为主，教师辅导为辅，少量时间教师讲解，大部分时间学生操作的特点。

　　5. 按实验教学规律分配学时，并且有多余的实验项目供学生利用开放实验室自主学习。

　　6. 内容精练，主次分明，详略得当，文字通俗易懂，图表与正文密切配合。

　　（二）本系列实验教材遵循实验教学规律，体现时代特色，总体来说，具有以下四个特点：

　　1. 与现代典型案例相结合。以培养应用型人才为原则，根据实验教学大纲，注重理论联系实际，教材具有较强的实践性、新颖性、启发性和适用性，有利于培养学生的实践能力和创新能力。

　　2. 建设形式新颖。实验教材分为纸质实验教材和网络资源的形式；纸质教材实验报告尝试做成活页形式，或做成可撕下的带切割线形式；在纸质教材出版，配套建有供学生实验前和实验后学习使用的网络资源。

3. 实验内容创新。对于实验教材编写内容上的创新，一是凸显应用型人才培养特色实验项目，提高了综合性、设计性、创新性实验项目的比例；二是将教师的科研成果转化为本科学生实验教学项目。

4. 编写程序严格。对实验教材的申请立项的实验教材经由学院领导及专家进行立项审查；实验教材初稿经由相关同行专家给出鉴定，最终审核后，送交出版社评审出版。

本系列教材得到各方面人士的指导、支持和帮助，尤其是得到中国经济信息学会实验经济学与经济管理实验室专业委员会的专家，广东金电集团等多家业界人士，以及各高校同行老师们的支持和帮助，我们在此表示由衷的感谢。本系列实验教材尚处于探索阶段，作为一种努力和尝试，存在诸多不足之处，竭诚希望得到广大同行及相关专家的批评指正。

应用型高等院校经管类系列实验教材编委会
2009 年 12 月

前 言
（第 2 版）

为适应经济管理文科类院校计算机专业的 C 语言实验教学需要，2010 年我们编写了本教材程序设计基础实验——C 语言程序设计，在经济科学出版社出版。在实际使用过程中，各位同仁和广大读者给出了很好的建议。四年后，我们根据在教学过程中的实际感受，结合收集到的建议和意见，对第 1 版教材进行了修订，出版了《程序设计基础实验（第 2 版）》。

第 2 版主要对第 1 版中的基础实验部分内容进行了全面修订，体现在以下几个方面：

1. 在每个实验的相关知识部分，增加了本次实验内容所涉及的知识点，并进行了详细的讲解，同时给出了大量的示例，使其更具有可读性和可指导性。

2. 在 C 程序控制流程实验中，增加了各种流程控制示例，并绘制了程序流程图，便于读者进一步理解控制流程的概念和使用方法。

3. 进一步丰富了实验内容，在实验内容的安排上，尽可能多的覆盖 C 语言的知识点，难度循序渐进，并对每个实验内容进行了实验分析和提示。

4. 每个实验增加了实验思考题，希望这样，有助于读者进一步加深对概念的理解和掌握。

5. 将程序移植到 Visual Studio 2008 环境下运行、调试。所有例题均在 Visual Studio 2008 下调试通过。

6. 将附录 B 中的 Visual C++6.0 调试内容调整为 Visual Studio 2008 环境下调试内容，在附录 C 中增加了 C 语言常用的函数的用法。

为方便教师教学，本书提供实验内容和习题参考答案及程序源代码，请登录http://www.kzyw.net 注册下载。

本书由王泽通稿，鲜征征、黄承慧、潘章明、侯昉修订。

在本书修订的过程中，得到了软件教研室教师的关心和支持。本书的编写参考了大量近几年来出版的相关书籍和技术资料，吸取了国内外许多专家和同仁的宝贵经验。在此一并表示衷心的感谢！

尽管我们做出了很大的努力，修订了第 1 版的诸多不足之处，受编者水平限制，书中难免存在错误或不妥之处，恳请各位专家、同仁和广大读者提出宝贵意见！

电子邮件地址：wangze@gduf.edu.cn。

编 者
2014 年 1 月

前 言
（第 1 版）

程序设计基础实验是计算机科学与技术等计算机相关专业低年级学生开设的一门专业基础实验课程，实验内容既要深入浅出，又要体现以培养应用型人才为专业教学特色。在积极倡导以现代教育技术为基本手段，以实验教学为中心的前提下，我们认为有必要编写此教材。

要学好程序设计基础，不仅要学习 C 语言程序设计的基本概念、方法、语法规则，更重要的是实践。只有通过实践体验，不断积累编程经验，才能真正提高程序设计能力。作为程序设计基础教程的辅助教材，通过本实验教材内容的实践，可以加强学生对 C 语言概念、方法和内容的巩固；有了本实验教材，可增强学生对课程实践重要性的认识深度和投入力度。对编程的思路、方法和技巧起指导、示范作用。

本书是集众多长期从事 C 语言教学工作的一线教师的经验和体会，并参考大量的国内外有关资料编写而成。本书共分四部分，一共设置了 21 个实验，各部分的特点综述如下：

第一部分基础实验包括 9 个实验，内容包括 C 语言程序开发环境和上机步骤、基本数据类型、运算符和表达式、控制结构、函数、数组、指针、结构体和共用体、编译预处理、文件等。通过这部分的实验教学，使读者熟悉 C 语言的基本语法结构、程序结构、编程思路及解题的基本思路。

第二部分综合实验包括银行存款大小写转换和数组、函数、指针的综合应用。通过这部分实验教学，加深读者对 C 语言的理解，真正能用 C 语言这个强有力的编程工具去解决实际问题。

第三部分课外实验包括 9 个实验，内容安排由浅入深，供学有余力的读者练习。

第四部分特色实验内容以银行开户、存款、取款、转账、查询等为主要功能模块，设计实现一个银行常用业务管理信息系统。

为了帮助读者上机练习，本书附录中收录了 C 语言常见编程错误和 Visual C++6.0 调试方法，另附有实验教学中使用的实验报告模板样本，以规范文档格式。本书具有基础性、实用性和系统性，同时充分考虑了和其他教材内容的兼容性，适用于各类高等院校尤其是财经类院校计算机专业程序设计基础 C 语言程序设计课程的实验教学。

本书由王泽、鲜征征、黄承慧编写，全书由王泽主编和统稿。本书得到了北方交通大学实验教学中心王占刚博士、广东金融学院计算机系蔡焕夫教授、陈国君教授、肖伟才老师，美国阿拉巴马州立大学王家来博士等相关老师的大力支持和协助，在此表示衷心的感谢。

受编者水平所限，书中难免存在疏漏之处，恳请广大读者提出宝贵意见。

电子邮件地址：wzebox@gduf.edu.cn。

编　者

目 录

第一部分 基础知识

实验一　熟悉 C 程序开发环境 …………………………………………………（ 1 ）
实验二　数据类型、运算类型和表达式 …………………………………………（ 8 ）
实验三　C 语言的控制流程 ………………………………………………………（19）
实验四　C 程序函数调用 …………………………………………………………（36）
实验五　C 程序调用中的指针参数 ………………………………………………（48）
实验六　数组在 C 程序中的使用 …………………………………………………（57）
实验七　结构体在 C 程序中的使用 ………………………………………………（66）
实验八　C 程序中的字符串处理 …………………………………………………（72）
实验九　C 程序中的文件处理 ……………………………………………………（80）

第二部分 综合实验

实验十　银行存款金额大小写转换 ………………………………………………（87）
实验十一　数组、函数和指针的综合应用 ………………………………………（95）

第三部分 课外实验

实验十二　计算到期银行存款本息 ………………………………………………（105）
实验十三　简单计算器 ……………………………………………………………（108）
实验十四　学习成绩字母制评价模型 ……………………………………………（110）
实验十五　矩阵乘法 ………………………………………………………………（114）
实验十六　绘制余弦函数曲线 ……………………………………………………（118）
实验十七　字符串比较 ……………………………………………………………（120）
实验十八　奇数魔方矩阵 …………………………………………………………（123）
实验十九　约瑟夫斯问题 …………………………………………………………（126）
实验二十　Life 游戏 ………………………………………………………………（129）

第四部分　特色实验

实验二十一　银行信息管理系统设计与实现 …………………………………………（135）

附录 A　C 语言编程常见错误 ………………………………………………………（152）

附录 B　Visual Studio 2008 程序调试 ………………………………………………（159）

附录 C　常用 C 语言库函数 …………………………………………………………（164）

附录 D　ASCII 表 ……………………………………………………………………（175）

附录 E　实验报告参考样本 …………………………………………………………（177）

参考文献 …………………………………………………………………………………（180）

第一部分 基础知识

熟悉 C 程序开发环境

一、实验目的

1. 了解 Visual Studio 2008 开发环境。
2. 掌握编写 C 程序的基本过程和步骤。
3. 掌握 C 程序的编程风范。

二、实验环境

1. Windows XP/7 操作系统。

2. Visual Studio 2008 软件。

三、相关知识

1. Visual Studio 简介。

Visual Studio 是 Microsoft 公司推出的开发环境,是目前最流行的 Windows 平台应用程序开发环境,它可以用来创建 Windows 平台下的 Windows 应用程序、网络应用程序、网络服务、智能设备应用程序和 Office 插件。

该公司于 1998 年发布了 Visual Studio 6.0 产品,它集成了各种开发工具和 VC 编译器。程序员可以在不离开该环境的情况下编辑、编译、调试和运行一个应用程序。

2002 年,Microsoft 公司发布了 Visual Studio. NET 2002 产品,该产品引入了建立在 .NET 框架的托管代码机制以及一门新的语言 C#。C#是一门建立在 C++ 和 Java 基础上的现代语言,是编写 .NET 框架的语言。.NET 的通用语言框架机制(CLR)可以在同一个项目中支持不同的语言所开发的组件。

2003 年,Microsoft 部分修订了 Visual Studio 2002,发布 Visual Studio 2003,该产品引入 Visio 作为使用统一建模语言(UML)架构应用程序框架的程序和移动设备支持等。

2005 年,Microsoft 发布了 Visual Studio 2005 产品,该产品可以同时实现跨平台应用程序的开发。

随着 Vista 和 Office 2007 的发布,2008 年,Microsoft 发布了 Visual Studio 2008,该产品引入了 250 多个新特性,整合了对象、关系型数据、XML 的访问方式,语言更加简洁。

2. Visual Studio 2008 集成开发环境。

(1) 创建项目。进入 Visual Studio 2008 集成开发环境后,屏幕上显示如图 1-1 所示。用户的 Visual Studio 开发环境可能与此有些不同,但可以通过调整【视图】菜单来重新布局。

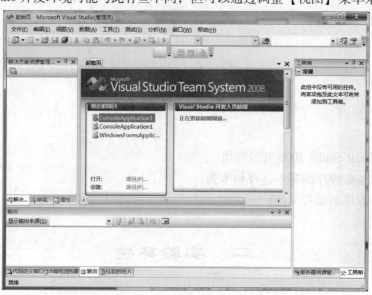

图 1-1　Visual Studio 2008 集成开发环境

启动 Visual Studio 后,可以打开一个已有的项目——已完成的解决方案(想再次使用)或正在进行的开发项目,也可以新建一个项目。

单击【文件】|【新建】|【项目】,弹出如图 1-2 所示的对话框。

图 1-2　新建项目对话框

在图 1-2 中的"项目类型"选择框中展开 Visual C++,单击 Win32 条目,在模板中选择"Win32 控制台应用程序",单击"确定"按钮,可以创建 C 源程序。通常情况下,选择创建一个空的项目,如图 1-3 所示。

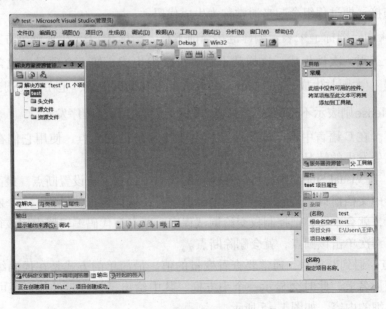

图 1-3

在图 1-3 中的左侧解决方案资源管理器窗口中的源文件上右键,选择菜单【添

加】|【新建项】选择"文本文件"。这里注意,如果你已经有写好的 C 源文件,那么要选择菜单【现有项】又打开一个对话框。在下面的名称中输入源文件的名字加上.c,保存位置用默认的。然后单击"添加"按钮,编辑页面出来了,如图 1-4 所示,大家可以写代码了。

图 1-4 编辑窗口

(2) 生成项目。在介绍各种生成选项前,首先澄清一些术语。在把源代码变成某类可执行的代码时,常常会使用三个不同的术语:编译、生成和产生。编译是因为程序常常包含许多源文件,每个源文件都需要单独编译,机器才能够识别。通过编译生成了对象文件,每个对象文件都包含一些可执行代码。为了生成可执行代码,这些对象文件必须链接在一起,这个过程叫链接。把过程组合起来通常称为生成代码。

在图 1-4 中,图标 ▦ 表示编译链接当前工程,图标 ▦ 表示生成解决方案,可以将一个项目的多个工程一次性生成,这样就不必一个个去生成,如一个项目中包含服务端工程和客户端工程 一次同时生成。▶ Debug 图标表示带有调试信息,是在开发调试代码时使用的。而 ▶ Release 则表示不带调试信息,经过优化以后,用于程序发布。

(3) 调试。在 C 语言中,调试所涉及的主要技术是设置断点,使用它们在代码的执行过程中检查某处发生的情况。

① 断点。在 Visual Studio 中,可以在执行的代码中任意一行设置断点。最简单的方式是在代码编辑器中文档窗口左边的阴影区域中单击该行,这样该行就设置了一个断点,只要代码执行到该行,就会中断,把控制权交给调试程序。断点在代码编辑器中用该行左边的一个大圆点表示。再次单击该圆点,就会删除断点。

② 监视点。遇到断点时,通常要查看变量的值。最简单的方式是在代码编辑器中,把鼠标放在该变量名上,此时会显示一个小方框,其中给出了该变量的值。还可以扩展该方框,显示更详细的内容,如图 1-5 所示。

也可以使用监视窗口来查看变量的内容,它是一个带有标签的窗口,程序只有在调试器中运行时,该对话框才会出现,如图 1-5 所示左下部分。这个窗口的三个选项卡主要用于监视不同的变量:"自动窗口"监视程序运行时最后访问的变量;"局部变量"监视当前执行的方法中的变量;"监视"监视用户在监视窗口中输入的变量。

图 1-5

(4) 执行程序。调试成功(没有编译链接错误)后,就可以执行程序,从而得到结果。选择【调试】|【开始执行】即可。

四、实验内容

1. 在稿纸上书写下列程序,然后利用 Visual Studio 2008 输入并运行下列程序,观察结果,并保存程序。

示例1:
```
/* 本程序输出 Hello everybody! */
#include <stdio.h>  //头文件
void main()  //主函数
{
    printf("Hello everybody!");  //输出语句
}
```

示例2:
```
/* 本程序输出 1+2 的计算结果 */
#include <stdio.h>
void main()
{
    printf("1+2=%d",1+2);
}
```

示例 3：
```
/* 本程序输入两个整数的值,然后输出它们的和 */
#include <stdio.h>
void main( )
{
    int a,b;
    scanf("%d%d",&a,&b);//输入 a, b 的值
    printf("a+b=%d",a+b);
}
```

示例 4：
```
/* 本程序要求输入姓名×××,输出欢迎×××同学! */
#include <stdio.h>
void main( )
{
    char ch[8];
    printf("请输入姓名:");
    scanf("%s",ch);
    printf("欢迎%s同学! \n",ch);
}
```

2. 在【示例3】和【示例4】的输出行位置设置断点,查看变量的运行变化情况。

五、实验步骤

1. 启动 Visual Studio 2008 的方法：选择【开始】|【程序】|【Microsoft Visual Studio 2008】|【Microsoft Visual Studio 2008】图标，启动 Visual Studio 2008。

2. 选择菜单【文件】|【新建】|【项目】，弹出一个对话框，单击此对话框的左边"项目类型"中的 Visual C++条目，展开并选择"Win32 条目"。在对话框的右侧选择模板栏目中"Win32 控制台应用程序"，在对话框的下面用于创建 Win32 控制台应用程序的项目的位置下方输入项目名称，单击"确定"按钮。如果使用默认的文件存储路径则可以不必更改位置，但如果想在其他地方存储源程序文件，则需要在位置文本框中输入文件的存储路径，也可以单击右侧的"浏览"来选择存储的目标文件夹。

3. 在弹出的欢迎使用向导对话框中选择"下一步"，在应用设置对话中应用程序类型为默认值：控制台应用程序，附加项目中选择：空白项。单击"完成"按钮。

4. 在弹出窗口的"解决资源方案管理器"子窗口中，鼠标右键单击"源文件"按钮，选择"新建项"选项卡，在弹出的对话中选择"文本文件"，然后再下方输入准备编辑的源程序文件的名字（如 Ex1.c）。注意：如果不写后缀 c，系统会默认指定后缀为 .cpp，表示要建立的是 C++源程序，因此命名时要加上后缀 .c。单击"添加"按钮后，就可以在编辑区域输入实验内容中的程序了。

5. 编辑完成后，单击工具栏上的按钮■或选择菜单【生成】|【生成】Ex1.c，系统对源程序进行编译和连接，生成以文件名称 Ex1 为主文件名的可执行文件 Ex1.exe。在编译和连接的过程中，系统发现程序有语法错误，则在图 1-5 中的下部分输出窗口中显示错误信息，包括错误的性质、原因和出错的位置。单击键盘上面的功能键 F4 或双击某条错误信息，在编辑区域右侧出现一个箭头，提示程序错误的位置。据此对源程序进行相应的修改，并重新编译和连接，直到程序没有错误为止。

6. 单击工具栏上的 ▶ Debug 图标，执行编译后的程序。运行成功后，程序将在一个新打开的 DOS 窗口中，按要求输入学生姓名，运行并显示结果，如图 1-6 所示。在程序运行结果的后面显示一条提示信息 "Press any key to continue"，这是 Visual C++ 自动加上的，此时按任意键将关闭 DOS 窗口，系统返回 Visual Studio 2008 主窗口。

图 1-6

7. 鼠标单击程序中"printf（"欢迎%s 同学！\n"，ch）"这一行左侧窗口位置处，设置断点，然后单击 ▶ Debug 图标。待程序运行后，输入姓名后按"回车"键，通过使用下列工具栏中的逐语句等调试按钮，可以通过下方自动窗口中观察变量的运行情况。

实验二

数据类型、运算类型和表达式

一、实验目的

1. 熟悉数据类型的概念,掌握定义一个整型、字符型和实型等类型变量以及对它们赋值的方法。
2. 通过输入数据到变量中参加表达式的运算,学习变量的编程方法。
3. 学会正确使用逻辑运算符及逻辑表达式。
4. 掌握常用运算符的优先级与结合性。
5. 学会检查给定程序的错误并通过调试信息纠正错误。
6. 掌握输入函数 scanf 和输出函数 printf 的使用方法。

二、实验环境

1. Windows XP/7 操作系统。
2. Visual Studio 2008 软件。

三、相关知识

1. 数据类型。C 语言的数据类型十分丰富,数据有常量与变量之分。常用的数据类型如表 2-1 所示。

表 2-1　　　　　　　　　　　　　　常用数据类型

类型		长度（字节）	取值范围	变量定义示例	常量表示示例
整型子类型	short	2	-32768～32767	short a, sum;	123
	long	4	-2147483648～2147483647	long x;	0123
	int		在 16 位系统中同 short；在 32 位系统中同 long	int b;	0x123
字符型	char	1	-128～127	char ch;	'a'
浮点型子类型	float	4	$10P^{-38}P\sim10P^{38}$	float a;	0.12；1.2e3；
	double	8	$10P^{-308}P\sim10P^{308}$	double b;	

注：C 语言允许字符型数据与值在 0～127 范围内的整型数据之间可以通用。

2. 表达式和语句。表达式语句是在表达式的最后加上一个；构成的，其类型有：赋值语句、函数调用语句和空语句。

（1）赋值语句。

示例 1：int ad;　　　　　//变量定义语句
　　　　　float kot, deta;　//变量定义语句
　　　　　ad = 3200;　　　　//变量赋值
　　　　　kot = 0.0056;　　 //变量赋值
　　　　　deta = ad * kot;　//变量赋值

在变量赋值时必须注意：

① 变量必须先定义，后使用。例如：上面的 int ad；定义了一个整型变量，然后再赋值如 ad = 3200;。

② 对变量的赋值过程是用新值替换旧值，变量未被赋值前，值是不确定的。

（2）函数调用语句。

示例 2：c = sum(a,b);　//函数调用语句由函数调用表达式加上一个分号构成。

（3）空语句。空语句只有一个分号，什么都不做。

（4）复合语句。复合语句用花括号 {} 将多条语句组合在一起构成的，常用于流程控制语句中执行多条语句，在语法上相当于一条语句。

示例 3：
　　　　float bs, ga, da;
　　　　if (bs < 1500)
　　　　{
　　　　　　ga = bs * 10/100;
　　　　　　da = bs * 90/100;
　　　　}

使用复合语句注意：复合语句结束的 } 之后，不需要再加上分号。

3. 运算符及其优先级。C 语言常用的运算符及其优先级如表 2-2 所示。

表2-2　　　　　　　　　　　常用运算符的优先级与结合性

优先级顺序	运算符种类	附加说明	结合方向
1	单目运算符	逻辑非！按位取反～求负 - ++ -- 类型强制转换等	右→左
2	算术运算符	* / % 高于 + -	左→右
3	关系运算符	< <= > >= 高于 == ！=	左→右
4	逻辑运算符	除逻辑非之外，&& 高于 ||	左→右
5	赋值运算符	= += -= *= /= %= &= ∧= != < <= > >=	右→左
6	逗号运算符	,	左→右

示例4：判断下面表达式中的运算的优先级，并计算表达式的值，假定 i 是一个整型变量。

$$i = 2*3/4 + 4/4 + 8 - 2 + 8\%5$$

表达式的计算步骤如下：

```
i =   2 * 3 / 4 + 4 / 4 + 8 - 2 + 8 % 5
i =   6 / 4 + 4 / 4 + 8 - 2 + 8 % 5        //运算：*
i =   1 + 4 / 4 + 8 - 2 + 8 % 5            //运算：/
i =   1 + 1 + 8 - 2 + 8 % 5                //运算：/
i =   1 + 1 + 8 - 2 + 3                    //运算：/
i =   2 + 8 - 2 + 3                        //运算：+
i =   10 - 2 + 3                           //运算：+
i =   8  + 3                               //运算：-
i =   11                                   //运算：+
```

注意：6/4 的结果为 1，而不是 1.5，这是由于 6 和 4 都是整数，因此只取整数部分。通过运算符的组合，C 语言可以很容易处理任何复杂的表达式。一些复杂的表达式如表 2-3 所示。

表2-3　　　　　　　　一些复杂的 C 语言表达式的例子

代数表达式	C语言表达式
$a \times b - c \times d$	$a*b - c*d$
$(m+n)(a+b)$	$(m+n)*(a+b)$
$3x^2 + 2x + 5$	$3*x*x + 2*x + 5$
$\dfrac{a+b+c}{d+e}$	$\dfrac{(a+b+c)}{(c+d)}$
$\left[\dfrac{2BY}{d+1} - \dfrac{x}{3(z+y)}\right]$	$\dfrac{2*b*y}{(d+1)} - \dfrac{x}{(3*(z+y))}$

在表 2-2 中，增量操作符有 ++ 和 -- 两个（++ 和 -- 分别为一个不可分割的整体），它们是单目的，其意义是使操作数自身的值增 1 或减 1，并将增量后的值作为整个表达式的值。当然，做此运算的操作数必须是变量。而 3++、(i+j)++ 由于操作数不具有固定的

存储空间，故它们没有任何意义。

增量操作符可置于一个操作数之前或之后，但二者的意义有所不同。当增量表达式作为其他表达式的一部分时，则前置增量表达式先求值（增量），再用增量后的操作数的值参加运算；后置增量表达式则是用增量前的操作数的值参加运算，然后增量。

示例5：
    int i = 3，j = 4，k；
    k = ++i；   //执行完后 i 的值为 4，k 的值为 4
    k = j--；   //执行完后 j 的值为 3，k 的值为 4

除了上述操作符外，C 中还有一个逗号操作符"，"，它将两个表达式连接起来构成"逗号表达式"。

示例6：
    3 + 4，5 + 6

其意义是先求逗号左边表达式的值，再求逗号右边表达式的值，而整个表达式的值则是右边表达式的值。

示例7： x = a = 5，3 * a，输出结果 x = 5，a = 5。而 x = (a = 5，6 * a)，输出结果 x = 30，a = 5。

4. 输入和输出函数。输出函数 printf() 的格式为：printf("格式字符串"，变量列表)，具体格式如表 2-4 所示。

表 2-4　　　　　　　　　　　函数 printf() 的格式化

格式转换说明符	用　　法
%d 或 %i	输出带符号的十进制整数，正数的符号省略
%u	以无符号的十进制整数形式输出
%o	以无符号的八进制整数形式输出，不输出前导符 0
%x	以无符号十六进制整数形式（小写）输出，不输出前导符 0x
%X	以无符号十六进制整数形式（大写）输出，不输出前导符 0x
%c	输出一个字符
%s	输出字符串
%f	以十进制小数形式输出实数，整数部分全部输出，隐含输出 6 位小数，输出的数字并非全部是有效数字，单精度实数有效位数一般为 7 位，双精度实数有效位数一般为 16 位
%e	以指数形式（小写 e 表示指数部分）输出实数，要求小数点前必须有且仅有 1 位非 0 数字
%E	以指数形式（大写 e 表示指数部分）输出实数
%g	自动选取 f 或 e 格式中输出宽度较小的一种使用，且不输出无意义的 0
%G	自动选取 f 或 E 格式中输出宽度较小的一种使用，且不输出无意义的 0
%%	显示百分号%

示例8：
    #include <stdio.h>
    void main()

```
    {
        int   avg = 346;
        float  per = 62.568;
        char   ch = 'a';
        char   a[ ] = "study hard!";
        printf("1234567890\n");
        printf("%d \n %10.1f\n",avg,per);
        printf("%c\n",ch);
        printf("I will %s\n",a);
    }
```

程序输出结果如下（用□表示一个空格）：
1234567890
346
□□□□□□62.6
a
I will study hard!

输入函数 scanf() 的格式为：scanf("输入数据格式"，& 变量名)，具体格式如表 2 – 5 所示。

表 2 – 5　　　　　　　　　　函数 scanf () 格式化

格式转换说明符	用　　法
%d 或%i	输入十进制整数：scanf("%d", &x);
%o	输入八进制整数：scanf("%o", &x);
%x	输入十六进制整数：scanf("%x", &x);
%c	输入一个字符，空白字符（包括空格、回车、制表符）时结束：scanf("%c", &ch);
%s	输入字符串，遇到第一个空白字符（包括空格、回车、制表符）时结束：scanf("%s", ch);
%f 或%e	输入实数，以小数货指数形式输入均可：scanf("%f", &x);
%%	输入一个百分号%

示例 9：
```
    int a, b;
    char c;
    scanf("%d%3c%3d", &a, &c, &b);
```
输入：1a456↙后，a = 1，b = 456，c = a。

使用 scanf 函数应当注意的问题：
① 如果在"格式控制"字符串中除了格式说明以外还有其他字符，则在输入数据时在对应位置应输入这些字符。

示例 10：
　　scanf("%d,%d", &a, &b); 应当输入 3，4↙。

scanf(" a =%d, b =%d", &a, &b); 应当输入 a =3, b =4✓

② 在用%c 格式输入字符时,空格字符和转义字符都作为有效字符输入。%c 只要求读入一个字符,后面不需要用空格作为两个字符的间隔。

示例 11:

scanf("%c%c%c", &c1, &c2, &c3); 输入:a b c✓后, c1 = 'a', c2 = " ",c3 = b

③ 从键盘输入字符串时,使用 gets 函数。而 puts 函数可以输出一个字符串。

示例 12:

```
#include <stdio>
{
    char name[50];
    printf("\nEnter name:");
    scanf("%s",name);
    printf("%s",name);
}
```

输出结果如下:

Enter name: Jone Rode

Jone

Rode 哪里去了?它根本没有存储到数组 name[]中,因为在 Jone 后面有个空格,scanf()就认为输入的名字结束了。解决这个问题就是使用 gets()函数。

示例 13:

```
#include <stdio>
{
    char name[50];
    puts("Enter name:");
    gets(name);
    puts(name);
    printf("\nMy name is %s\n",name);
}
```

程序运行结果:

Enter name: Jone Rode

Jone Rode

My name is Jone Rode。

示例 14:输入半径,计算圆的周长和面积

参考程序如下:

```
#include <stdio.h>
#define PI 3.14
void main()
{
    float r,len,area;
```

```
        printf("请输入半径:");
        scanf("%f",&r);
        len = 2.0 * PI * r;
        area = PI * r * r;
        printf("len = %.2f,area = %.2f\n",len,area);
    }
```

四、实验内容

1. 分析下列用 C 表达式计算 128 * 2 + 1024 值的程序并上机验证。
   ```
   #include <stdio.h>
   main( )
   {
       printf("%d\n",128 * 2 + 1024);
   }
   ```

2. 编程计算下列表达式的值并输出到屏幕上。

   (1) $\dfrac{3}{4} \times 5$

   (2) 3000000×1000

   (3) $\dfrac{3.0}{4.0} \times 5$

   (4) $3000000. \times 1000.$

   (5) 2π

   (6) e^2

   (7) $\dfrac{35.0 + 48}{56 - 23.0}$

分析:

① 第（1）小题中，分式用/表示；第（5）小题 π 用宏定义表示：#define PI 3.14；第（6）小题 e 用宏定义表示：#define E 2.718。上式中的乘法符号用 * 表示。

② 输出函数用 prinf()，函数中格式选择什么格式符要根据计算结果确定，如第（1）题结果是整型 short，则输出函数可写为：printf("3／4*5 = %d\n",3/4*5)；具体内容参考表 2-1。

3. 分析下列字符和整型通用的程序并上机验证。根据结果修正程序中的错误。
   ```
   #include <stdio.h>
   main( )
   {
       char c1,c2;
       c1 = 'a';
   ```

```
        c2 = "A";
        printf("c1 = %c\nc2 = %c\n",c1,c2);
        printf("c1 = %d\nc2 = %d\n",c1,c2);
    }
```

分析：

① 一个 int 型数据在内存中以二进制形式存储的，而一个字符在内存中也是以其对应的 ASCII 码的二进制形式存储的。例如，对于字符'A'，内存中存储的是其 ASCII 码 65 的二进制值，存储形式与 int 型数 65 类似，只是在内存中所占字节数不同而已，char 型数据占 1 个字节，而 int 型数据在 32 位环境下占 4 个字节。因此，在 C 语言中，只要在 ASCII 码取值范围内，char 型数据和 int 型数据之间的相互转化不会丢失信息，也就是 char 型常量可以参与任何 int 型数据的运算。例如，一个 char 型变量既能以字符格式输出，也能以整型格式输出，以整型格式输出时就是直接输出其 ASCII 码的十进制值。

② 程序中 printf("c1 = %c\nc2 = %c\n",c1,c2); 这一行输出 2 个字符，因为格式符是 %c。printf("c1 = %d\nc2 = %d\n",c1,c2); 这一行输出 2 个整数，因为格式符为 %d。

4. 输入下面的程序并进行调试，根据调试信息纠正由于变量和常量引起的问题，直至程序正确运行。

```
#include <stdio.h>
void main( )
{
    const double PI = 3.14159;
    const float RI = 5.5;
    double s_circle;
    RI = 6.5;
    s-circle = PI * RI * RI;
    printf("Area = %d\n",s-circle);
}
```

5. 输入下面的程序并进行调试，直至运行成功。

```
#include <stdio.h>
void main( )
{
    int first;
    int second;
    printf("Please input two data:");
    scanf("%d",first);
    scanf("%d",second);
    sum = first + second;
    int sum;
    printf("Sum is %d\n",sum);
}
```

分析：变量必须先定义，后使用。

6. 分析以下程序运行结果并上机验证，体会自增自减运算符运算规则。

```
#include <stdio.h>
main()
{
    int i,j,m,n;
    i = 3;
    j = 5;
    m = ++i;
    n = j--;
    printf("%d,%d,%d,%d\n",i,j,m,n);
}
```

若将程序改为：

```
#include <stdio.h>
main()
{
    int i,j,m,n;
    i = 3;
    j = 5;
    m = i++;
    n = ++j;
    printf("%d,%d,%d\n",++m,n++);
}
```

分析：参考示例5、示例6。

7. 编写程序，要求如下：
（1） 假设 double f1 = 35.6789；输出宽度为5，精度为3 的浮点数。
（2） 给定 float f1 = 100.12345, f2 = 20.46, f3 = 3.5;
　　　　int n = 12;
要求输出：f1 = 100.12
　　　　　f2 = □□20.5　　（□表示空格）
　　　　　f3 = □□4　　　（□表示空格）
　　　　　n = □□□12　　（□表示空格）

分析：参考示例8。

8. 阅读下面的程序，并按照要求修改。

```
#include <stdio.h>
main()
{
    char a,b;
    int c;
```

```
        scanf("%c%c%d",&a,&b,&c);
        printf("%c,%c,%d\n",a,b,c);
}
```

（1）若输入 1 2 34，要使上面程序的输出语句在屏幕上显示 1 2 34，则应修改程序中的哪条语句？怎样修改？

（2）要使上面程序的键盘输入数据格式为 1，2，34，输出语句在屏幕上显示的结果也为 1，2，34，则应修改程序中的哪条语句？怎样修改？

（3）要使上面程序的键盘输入数据格式为 1，2，34，而输出语句在屏幕上显示的结果为′1′,′2′,34，则应修改程序中的哪条语句？怎样修改？

[提示：利用转义字符 \ ′输出字符单引号号字符。]

（4）要使上面程序的键盘输入无论用下面哪种格式输入数据，程序在屏幕上的输出结果都为′1′,′2′,34，则程序应修改程序中的哪条语句？怎样修改？

第一种输入方式：1，2，34✓（以逗号作为分隔符）

第二种输入方式：1 2 34✓（以空格作为分隔符）

第三种输入方式：1   2   34✓（以 Tab 键作为分隔符）

第四种输入方式：1✓

2✓

34✓（以回车符作为分隔符）

分析：参考示例 9、示例 10、示例 11、示例 12。

9. 设银行定期存款的年利率 rate 为 2.25%，已知存款期为 3 年，存款本金为 500 元，试编程并输出 3 年后的本利之和 deposit。

扩展：将存款期限设为 n 年，存款本金为 capital，年利率为 rate，从键盘输入 n、rate、capital，试编程并输出 n 年后的本利之和 deposit。

分析：参考示例 14。

五、思考题

1. 执行以下程序，则输出结果的值为_____。
```
#include <stdio.h>
void main()
{
    int a,b,c;
    a=10;b=20;
    c*=b-a;
    printf("%d",c);
}
```

2. 若有以下语句段：
```
int  n1=8, n2=15;
```

printf（"_____"，n1，n2）;

要求按以下格式输出 n1 和 n2 的值，请将输出语句补充完整。

　　n1 = 8

　　n2 = 15

3. 若有以下定义，则输出结果为_____。

　　#define　S(x)　4 * x * x + 1

　　printf("%d\n"，S(6+8))；

4. 执行以下程序时输入 123456789 回车，则输出结果_____。

```
#include <stdio.h>
void main()
{
    int a=1,b;
    scanf("%2d%2d",&a,&b);
    printf("%d%d\n",a,b);
}
```

5. 设变量均已正确定义，若要通过 scanf("%d%c%d%c"，&a1，&c1，&a2，&c2)；语句为变量 a1，a2 赋数值 10 和 20，为变量 c1 和 c2 赋字符 A 和 B。则正确的输入格式_____。

实验三

C 语言的控制流程

一、实验目的

1. 熟练掌握 if 语句与 switch 语句及其用法。
2. 熟练掌握 for 语句、while 语句、do-while 语句实现循环的方法。
3. 理解循环嵌套及其使用方法。
4. 掌握 break 语句与 continue 语句的使用。
5. 掌握程序流程图的绘制方法。

二、实验环境

1. Windows XP/7 操作系统。
2. Visual Studio 2008 软件。

三、相关知识

1. 关于程序设计风格。C 语言的书写格式非常自由，例如，一行内可以书写多个语句，一个语句很长时也可以分写在多行上。但是，为了程序的可读性，在书写源程序时应该尽可能地做到清晰、美观，这不仅能使程序容易读懂，更重要的是，当程序出现错误时便于查错和改错。

程序 1（不良的书写风格）　　　　　　程序 2（美观良好的书写风格）
main( )　　　　　　　　　　　　　　main( )
{　　　　　　　　　　　　　　　　　{
int a,b,t;　　　　　　　　　　　　　　　int a,b,t;

```
scanf("%d%d",&a,&b);                    scanf("%d%d",&a,&b);
while(a!=0&&b!=0)                       while(a!=0&&b!=0)
{                                       {
if(a<b)                                    if(a<b)
{                                          {
t=a;                                          t=a;
a=b;                                          a=b;
b=t;}                                         b=t;
printf("max=%d,min=%d\n",a,b);             }
scanf("%d,%d",&a,&b);}                     printf("max=%d,min=%d\n",a,b);
}                                          scanf("%d,%d",&a,&b);
                                        }
```

要使程序清晰易读,一个较好的做法是采用缩进书写格式。上面 2 个程序功能完全相同,试比较它们的书写格式,从中领悟缩格书写的好处。

2. C 程序的结构包括:顺序、选择和循环三种。

(1) 顺序结构:按程序代码从上到下的顺序执行;

只有一个入口和一个出口,并且顺序执行。

(2) 选择结构:if 语句。if 语句的常用形式如下:if(条件为真)

　　　　　　　　　　　　　　　　　　　　　　语句;

表示不管什么条件,只要为真,则语句就会执行,如果条件为假,就跳过这条语句。条件用关系运算符或逻辑运算符来表示。条件语句的 if 形式用于单分支结构。表 3 – 1 列出了 C 语言中的关系运算符及其计算方法。

表 3 – 1　　　　　　　　　关系运算符及其计算方法

条件表达式	表达式为真的条件
x == y	x 等于 y
x != y	x 不等于 y
x < y	x 小于 y
x > y	x 大于 y
x <= y	x 小于或等于 y
x >= y	x 大于或等于 y

逻辑表达式是由逻辑操作符连接逻辑值构成。逻辑操作符共有 3 种:

　　&& 与(并且)

　　|| 或

　　! 非

逻辑运算规则见表 3 – 2。

表3-2　　　　　　　　　　　　　　逻辑运算规则

x	y	x && y	x || y	! x
真	真	真	真	假
真	假	假	真	假
假	真	假	真	真
假	假	假	假	真

只有当两个操作数都为真时，它们的"与"才为真；只有当两个操作数都为假时，它们的"或"才为假；非真即假，非假即真。

注意：3 < 4 && 4 < 5不能写成3 < 4 < 5，因为从运算机制上说，3 < 4 < 5相当于（3 < 4）< 5，而3 < 4的运算结果是一个逻辑值，它与5作关系运算是没有任何意义的。

练习1：假定a = 10，b = 12，c = 0，求出表3-3中各表达式的值。

表3-3

表达式	表达式的值
! a == 6 && b > 5	
a == 9 || b < 3	
! (a < 10)	
! (a > 5 && c)	
5 && c ! = 8 || c	

练习2：写出下列表达式的值
① 税率（taxrate）超过25%并且收入（income）小于20000美元：_____
② 温度（temperature）小于或等于75，或者湿度（humidity）小于70%：_____
③ 年龄（age）大于21并且小于60：_____
④ 年龄（age）等于21或22：_____

示例1：从键盘输入当前的年份及员工进入该公司的年份。如果员工在该公司的工作年份超过3年，那么就给予该员工2500元奖金。如果工作的年份小于3年，则程序什么都不执行。程序的流程图如3-1所示，程序代码如图3-2所示。

（3）选择结构：if - else语句。

if - else形式用于双分支结构。形式如下：

　　if（表达式）
　　　　语句1；
　　else
　　　　语句2；

表达式的值不为0，执行语句1，否则执行语句2。语句1和语句2既可以是单语句，也可以是复合语句。

示例2：公司中某员工的工资收入计算如下：如果基本工资（bs）不足1500元，则津贴（hra）为基本工资的10%，奖金（da）为基本工资的90%；如果基本工资大于或等于

1500元，则hra为500元，da为基本工资的98%。从键盘输入员工的基本工资，编写程序计算其工资总额（gs）。程序流程图和程序代码分别如图3-3和图3-4所示。

图3-1　程序流程图

```c
#include <stdio.h>
void main()
{
    int bonus,cy,yoj,yos;
    printf("请输入当前年份和工作年限:");
    scanf("%d %d",&cy,&yoj);
    yos = cy-yoj;
    if(yos > 3)
    {
        bonus = 2500;
        printf("奖金=%d元\n", bonus);
    }
}
```

图3-2　程序代码

图 3-3 程序流程图

```
#include <stdio.h>
void main()
{
    float bs,gs,da,hra;
    printf("请输入基本工资:");
    scanf("%f",&bs);;
    if (bs<1500)

    {
        hra = bs * 10 / 100;
        da = bs * 90 /100;
    }
    else
    {
        hra = 500;
        da = bs * 98 / 100;
    }
    gs = bs + hra + da;
    printf("工资总额= %f", gs);
}
```

图 3-4 程序代码

（4）选择结构：else – if 形式语句。

else – if 形式用于多分支结构。形式如下：

 if（表达式）
  语句 1；
 else if（表达式）
  语句 2；
 ……
 else if（表达式）
  语句 n；
 else
  语句 n + 1；

其功能为顺序求各表达式的值，如果某一表达式的值为真（非 0），那么执行其后相应的语句，执行完后整个 if 语句结束，其余语句不能执行；如果没有一个表达式的值为真，那么执行最后的 else 语句。

示例 3：输入一个人的体重和身高，根据 BMI 的判定，输出这个人的身体状况，具体说明如下：

① BMI 的计算公式：

  BMI = 体重（磅）× 703 / 身高（英寸）

② BMI 的解释和建议：

  BMI < 20   体型偏瘦，请喝杯奶茶。
  20 ≤ BMI < 25   体型适中，请喝杯牛奶。
  25 ≤ BMI ≤ 30   体型偏胖，请喝杯冰茶。
  BMI > 30   属肥胖症，请去看医生。

③ 数据的输入：中国人习惯以公制而不是英制作为体重和身高的计量单位，因此程序要求以公制输入一个人的体重和身高。输入后先在程序内转换为英制，再代入 BMI 公式进行计算。

公制→英制的换算公式为：

  1 千克 = 2.205 磅

  1 厘米 = 0.3937 英寸

为保证结果的正确性，应先对输入数据进行合法性检查，要求用一个逻辑型变量保存检查的结果，当体重和身高都大于 0 时，才允许进入 BMI 值的计算。

④ 数据的输出：输出应包括以英制表示的体重和身高、BMI 值、定性结论和健康建议。如对于输入：

  体重（千克）= 60

  身高（厘米）= 170

输出结果应当为：

  体重 = 132.3（磅），身高 = 66.929（英寸），体重指数（BMI）= 20.7628

  你的体重正常，请喝杯牛奶。

程序流程图和程序代码分别如图 3 – 5 和图 3 – 6 所示。

图 3-5 程序流程图

（5）循环结构：while 语句。
while 的一般形式如下所示：
    初始化循环计数器
    while（循环计数器的测试条件）
    {
        语句；
        语句；
        循环计数器加 1；
    }

关于 while 循环体，请注意以下几点：
① 只要 while 内的测试条件为真，循环体内部的语句就会一直执行。当条件为假时，跳出循环外下面的第一条语句。循环测试条件可以是任何有效的表达式。
② 循环测试条件可以是关系表达式或逻辑表达式。

```
#include <stdio.h>
#include <stdlib.h>
void main ( )
{
    float kg, kgp, cm, cmi, BMI;
    printf (" 请输入身高(cm)和体重 ( kg):" );
    scanf (" %f, %f" , & cm, &kg);
    if (cm < 0 || kg < 0)
        exit (0); //退出程序，此函数包含在头文件stdlib.h中
    kgp=kg*2.205;
    cmi=cm*0.3937;
    BMI=kgp * 703 / (cmi*cmi);
    if ( BMI < 20)
        printf (" 体型偏瘦，请喝杯奶昔\n" );
    else if (BMI < 25)
        printf("体型适中，请喝杯牛奶\n" );
    else if (BMI < 30)
        printf (" 体型偏胖，请喝杯冰茶\n" );
    else
        printf ("属肥胖症，请去看医生\n" );
}
```

图3-6　程序代码

③ 若循环体内只有一条语句，可以省略花括号。
④ while 循环的测试条件要能够为假，否则循环会一直执行下去。
⑤ 循环计数器的值可以递增，也可以递减。
⑥ 循环计数器的值不一定必须是整型值，还可以是浮点类型的值，递增或递减的值可以是任意的其他值，不一定是1。

break、continue 和 goto 语句都用于流程控制。其中，break 语句用于退出 switch 或一层循环结构，continue 语句用于结束本次循环、继续执行下一次循环，goto 语句无条件转移到标号所标识的语句去执行。当需要结束程序运行时，可以调用 exit( )函数来实现，该函数包含在头文件"stdlib. h"中。

示例4：编写程序，判断一个数是否为素数（素数是指只能被1和它自己整除的数）。

分析：测试一个数是否是素数，即用该数整除以从2到小于该数的所有数。如果余数为0，则该数就不是素数。如果整除的结果没有一个为0，则这个数就是素数。程序流程图和程序代码分别如图3-7和图3-8所示。

图 3-7 程序流程图

```
#include <stdio.h>
void main()
{
    int num,i;
    printf(" 请输入一个数： ");
    scanf("%d", &num);
    i = 2;
    while ( i< num )
    {
        if ( num % i == 0 )
        {
            printf(" %d 不是素数\n", num);
            break;
        }
        i ++;
    }
    if ( i == num )
        printf(" %d 是素数\n", num);
}
```

图 3-8 程序源代码

(6) 循环结构：do-while 语句。do-while 语句在循环底部进行循环条件测试，因此，do-while 循环至少执行一次。do-while 的一般形式如下所示：

  初始化循环计数器；
  do
  ｛
    语句；
    语句；
    循环计数器加 1；
  ｝while（循环计数器的测试条件）；

请同学们根据示例 4 的要求，利用 do-while 循环语句，重新画出示例 4 的程序流程图，并编成实现。

(7) 循环结构：for 语句。喜欢 while 循环的程序员不多，大多数程序员都喜欢用 for 循环，因为 for 循环是最通用的循环。for 循环可以在一行中完成 3 件事。

① 初始化循环计数器。
② 循环条件判断。
③ 增加循环计数器的值。

for 语句的通用形式如下：

  for（初始化循环计数器；循环条件判断；增加循环计数器的值）
  ｛
    语句 1；
    语句 2；
    ……；
  ｝

示例 5：编写程序，用 for 循环输出 ASCII 字符（0 – 127）和 ASCII 扩展字符（128 – 255）。

分析：编号在 128 ~ 255 的是扩展的编码，原本就不是作为显示用的，编码在 127 以上的都显示为"？"。

通常情况下出现这个问题的原因是控制台使用了中文代码页，要显示扩展 ASCII 码，则将执行这个程序的控制台的代码页改为：437（OEM – 美国），即可！

方法是：请设置 DOS 窗口的默认代码页为美国而不是简体中文。右键单击 Dos 窗口的标题栏，在弹出菜单中选择"默认值"，修改默认代码页为"437（OEM – 美国)"，就可以了。

程序源代码如图 3 – 9 所示。

下面来了解 for 语句执行上述问题的过程。

① 当 for 语句第一次执行时，计算器变量 ch 的值初始化为 0。
② 接着对条件 ch⇐255 进行判断。由于 ch 的值为 0，条件满足，第一次执行循环体。
③ 当到达 for 循环的结束花括号时，控制返回到 for 语句，此时 ch 的值加 1。
④ 再对条件进行判断，看 ch 的值是否超过了 255。
⑤ 如果 ch 的值小于或等于 255，则再次执行 for 循环花括号内的语句。
⑥ 如此循环，直到 ch 的值超过了 255。
⑦ 当 ch 的值为 256 时，控制会退出循环体，转移到紧随 for 循环体花括号后面的语句

（如果有的话）。

```
#include <stdio.h>
void main ()
{
    int ch;
    for (ch=0; ch <= 255; ch++)
    {
        printf ("%d %c\n", ch,ch);
    }
}
```

图 3-9　程序源代码

（8）case 控制结构：switch 语句。允许在一系列的选项中做出选择的控制语句就是 switch，准确地说就是 switch-case-default 控制语句，通常的形式如下：

switch（IntegerExpression）
{
　　case ConstantExpression1：
　　　　statements；
　　case ConstantExpression2：
　　　　statements；
　　　　　　⋮
　　default：
　　　　statements；
}

其中 IntegerExpression 可以为普通的整型，也可以为字符型，可以是普通的变量也可以是表达式。

switch 结构的语义（执行机制）是：

首先计算 IntegerExpression 的值，然后自上而下逐个检查 Constant Expression 的值，若发现 IntegerExpression 的值与某个 ConstantExpression 的值相等，则转到该 ConstantExpression 之后的 statements 逐句往下执行（执行完后并不跳出该结构），如果 IntegerExpression 的值与所有 ConstantExpression 的值均不等，则在有 default：的情况下，将转到 default：之后的 statement 逐句往下执行，否则，直接跳出该结构。

注意 switch 结构与 if 结构语义上的差别，if 结构使控制流转向 expression 为 true 的分支（单个语句、复合语句或控制结构）或 else 分支去执行一个"整体"（一个语句、复合语句或控制结构），执行完后自动跳出该结构；switch 结构使控制流转向 IntegerExpression 与 ConstantExpression 相等的分支的第一个语句，并从那里逐句往下执行（包括执行后面其他分支的语句）而不会自动跳出该结构。若想让控制流执行完该分支的语句后立即跳出该结构，则必须让该分支的最后一个语句为 break。

在某些以区间为分支条件的多分支选择情况下，我们可以设法将区间值转化为离散值，然后再使用 switch 结构。

思考下列这个程序，如图 3-10 所示。

```c
#include <stdio.h>
void main()
{
    int i = 2;
    switch(i)
    {
        case 1:
            printf(" I am in case 1 \n");
        case 2:
            printf(" I am in case 2 \n");
        case 3:
            printf(" I am in case 3 \n");
        default:
            printf(" I am in default \n");
    }
}
```

图 3-10

上述程序的输出结果如下：

I am in case 2

I am in case 3

I am in default

很显然这个结果并不是我所需要的，如果只想要执行 case 2 后面的语句，就要在 switch 中使用 break 语句。如图 3-11 所示（图中虚线表示跳转流程，不是源码的一部分）。

```c
#include <stdio.h>
void main()
{
    int i = 2;
    switch(i)
    {
        case 1:
            printf("I am in case 1 \n");
            break;
        case 2:
            printf("I am in case 2 \n");
            break;
        case 3:
            printf("I am in case 3 \n");
            break;
        default:
            printf("I am in default \n");
    }
}
```

图 3-11

程序的输出结果如下：
I am in case 2

四、实验内容

要求：以下各题均要求先在草稿纸上画出流程图，根据流程图再编写程序

1. 编程实现：求三个整数之和、平均值并输出。要求三个整数从键盘输入。
2. 从键盘输入一个数 x，求出该数的绝对值。

分析：$x<0$，x 前面加上 - 输出；$x \geq 0$ 直接输出。

3. 人的生长可以分为四个阶段，即胎儿期、婴儿期、儿童期和青春期。各个阶段造成身材矮小的比例不同。5 岁以后儿童的身高值和他所达到成人时最后的高度，与父母的平均身高相关。一般来说，在良好的营养状态下，子女与父母身高遗传的相关系数为 0.75，可见，父母身高和儿童身高的关系相当密切。所以，从父母的身高可以一定程度上预测子女未来所能达到的身高。

设 faHeight 为其父身高，moHeight 为其母身高，身高预测公式为：

男性成人时身高 = (faHeight + moHeight) ÷ 2 × 1.08cm
女性成人时身高 = (faHeight × 0.923 + moHeight) ÷ 2cm

此外，孩子身高还与体育锻炼、激素、营养等后天因素有关，如果经常进行体育锻炼，那么可增加身高 2%；如果营养均衡，那么可增加身高 1.5%。

编程从键盘输入用户的性别（用字符型变量 sex 存储，输入字符 F 表示女性，输入字符 M 表示男性）、父母身高（用实型变量存储，faHeight 为其父身高，moHeight 为其母身高）、是否经常进行体育锻炼（用字符型变量 sports 存储，输入字符 Y 表示经常，输入字符 N 表示不经常）、是否营养均衡（用字符型变量 diet 存储，输入字符 Y 表示均衡，输入字符 N 表示不均衡），利用给定公式和身高预测方法对身高进行预测。

分析：键盘输入字符型数据时，空格字符和转义字符（包括回车）都会作为有效字符输入，为避免读入空格字符和转义字符，在 scanf 函数中的格式 %c 前加上一个空格，即 scanf(" %c",&sex)，可将存于缓冲区中的空格字符和转义字符读入，避免被后面的变量作为有效字符读入。

利用 if 语句实现不同条件下身高的计算。

4. 从键盘上输入三个整数，让它们代表三条线段的长度，请编写一个判断这三条线段所组成的三角形属于什么类型（不等边，等腰，等边或不构成三角形）的 C 程序。

分析：定义三个整型变量 a，b，c，代表三条线段的长度，分别从键盘用 scanf 函数输入。首先根据任意两边之和是否大于第三边判断是否为三角形，如果是三角形，在此基础上再判断是否是等腰或等边（用 if 嵌套语句实现），否则不构成三角形，然后分别输出相应的信息。本题中的 if 结构嵌套可采用如下格式：

```
        if (expression)
            statement
```

>   else
>   if (expression)
>   statement
>   else
>   statement

其中,expression 为条件表达式,statement 要么是一个语句,要么是一个复合语句(必须用花括弧括起来),要么是一个控制结构。

5. 输入一个三位数,若此数是水仙花数输出"我是水仙花",否则输出"我不是水仙花",若输入值不是三位数,则输出"data error"。

分析:水仙花数是一个三位数,组成这个三位数的三个数字的立方和与这个三位数相等,例:$153 = 1^3 + 5^3 + 3^3$。判断是否是水仙花数需要把构成三位数的三个数字分离出来并存入三个变量 x,y,z 中,再利用 if 语句判断,然后输出相应的提示信息。

6. 从键盘输入一个不多于 5 位数字组成的正整数 num,要求:判断它是几位数并按逆序输出该数。

分析:此题要用求余符号% 和整除符号/,利用 num%10 可以求出个位上的数字,利用 num/10 可以截取数字。

7. 输入一组整数,统计其中奇数和偶数的个数,直到遇到回车为止。

分析:设一整型变量 x,循环输入整数的值,若 x%2 ==0 即为偶数,否则是奇数。循环条件是回车键,在 C 语言中用′\n′表示,循环条件可以在 while 语句后的括号中出现,也可以用 break 语句控制。

8. 一个数如果恰好等于它的因子之和,这个数就称为完数。例如,6 的因子是 1、2、3,$6 = 1 + 2 + 3$,因此 6 是完数。编写程序找出 1000 之内的所有完数,并按下列格式输出其因子:

>   6 its factors are:1 2 3

分析:利用运算符%求出因子,再利用 if 语句判断是否是完数。

9. "36 块砖,36 人搬,男搬 4,女搬 3,两个小孩抬一块,要求一次全部搬完。"问男、女、小孩各需搬多少块砖。

分析:分别设男、女、小孩的人数为 x,y,z,列出等式,利用 for 循环实现。

10. 猜数游戏。

(1) 编程先由计算机"想"一个 1~100 之间的数请人猜,如果人猜对了,则计算机给出提示"Right!",否则提示"Wrong!",并告诉人所猜的数是大(Too high)还是小(Too low),然后结束游戏。要求每次运行程序时机器所"想"的数不能都一样。

分析:

使用 <time.h> 库函数中的 srand( )函数为 rand( )设置随机数,方法为:srand (time (NULL));

编程控制计算机产生指定范围的随机数:利用求余运算 rand( )%b 将夯实 rand( )所产生的数变化到 0~ (b-1);利用 rand( )%b+a 运算将随机数取值范围定位 [a, a+b-1]。那么 1~100 之间的随机数数可以这样处理:rand( )%100 + 1

(2) 编程先由计算机"想"一个 1~100 之间的数请人猜,如果人猜对了,则结束游戏,并在屏幕上输出人猜了多少次才猜对此数,以此来反映猜数者"猜"的水平;否则计算机给出提示，告诉人所猜的数是太大还是太小，直到人猜对为止。

(3) 编程先由计算机"想"一个 1~100 之间的数请人猜，如果人猜对了，则结束游戏，并在屏幕上输出人猜了多少次才猜对此数，以此来反映猜数者"猜"的水平；否则计算机给出提示，告诉人所猜的数是太大还是太小，最多可以猜 10 次，如果猜了 10 次仍未猜中的话，结束游戏。

11. 每个苹果 0.8 元，第 1 天买 2 个苹果，第二天开始，每天买前一天的 2 倍，直至购买的苹果数达到不超过 100 个。编写程序求每天平均花多少钱？

12. 输出半径为 1~10 的圆面积，当面积大于 100 时停止。

分析：使用 break 语句。

13. 输出 0~30 的全部偶数。

分析：使用 continue 语句。

14. 编写程序，判断从键盘输入的年份是否为闰年。

分析：（1）普通年能被 4 整除且不能被 100 整除的为闰年。
（2）世纪年能被 400 整除的是闰年。

15. 编写程序，用 for 循环计算下面序列的前 7 个因子的和。

$$\frac{1}{1!} + \frac{2}{2!} + \frac{3}{3!} + \cdots\cdots$$

16. 为下面的各功能选项编写一个菜单驱动程序。

① 整数的阶乘

② 素数的判断

③ 奇偶数判断

④ 退出

一旦选中了某个菜单项，就执行相应的操作。操作完成后，菜单应重新显示。除非选择了"退出"选项，否则程序应该继续工作。

分析：利用 while 的无限循环和 switch 语句。

五、思考题

1. 与语句 k = a > b?（b > c? 1：0）：0 功能等价的语句是_____。

A) if ((a > b&& (b > c))   k = 1
　　else   k = 0

B) if ((a > B) || (b > c))   k = 1;
　　else k = 0;

C) if (a <= b) k = 0;
　　else if (b <= c) k = 1;

D) if (a > B) k = 1;
　　else if (b > c) k = 1;
　　else k = 0;

2. 以下程序运行后的输出结果是_____。

```
#include <stdio.h>
void main()
```

```
    {
        int a = 1, b = 2, c = 3;
        if( c = a)
            printf("%d\n",c);
        else
            printf("%d\n",b);
    }
```

3. 以下程序运行后的输出结果是_____。
```
#include <stdio.h>
void main( )
{
    int i;
    for( i = 0; i < 3; i ++ )
    {
        switch(i)
        {
            case 0:
                printf("%d",i);
            case 2:
                printf("%d",i);
            default:
                printf("%d",i);
        }
    }
}
```

4. 下述程序段所表达的意思是：_____。
```
while( ( ch = getchar( ) ) ! = 'N')
    printf("%c",ch);
```

5. 以下程序的输出结果是_____。
```
#include <stdio.h>
void main( )
{
    int i, n = 0;
    for( i = 2; i < 5; i ++ )
    {
        do
        {
            if( i%3 )
                continue;
```

```
            n ++ ;
        } while( ! i ) ;
        n ++ ;
    }
    printf( " n = % d \n" , n ) ;
}
```

C 语言图效调用

一、实验目的

二、实验环境

三、相关知识

实验四

C 程序函数调用

一、实验目的

1. 掌握定义函数的方法及函数的调用过程（函数的调用格式、调用方式及被调用函数的使用说明）。
2. 掌握函数实参与形参的对应关系以及"值传递"的方式。
3. 掌握函数类型和返回值类型的一致性问题。
4. 掌握函数的嵌套调用和递归调用的方法。
5. 掌握全局静态变量、局部动态变量和静态变量的作用域和生存期。

二、实验环境

1. Windows XP/7 操作系统。
2. Visual Studio 2008 软件。

三、相关知识

1. 函数的定义。

函数定义的一般形式如下：

返回值类型　函数名（类型名　参数1，类型名　参数2，……）
{
　　说明部分
　　语句
}

示例1：编写函数，比较两个整型变量，并返回较小的值。

```
int max(int a,int b)
{
    int m;
    m = (a > b)? a:b;
    return m;
}
```

说明：

① 函数名 max 和参数 a, b 都是自定义的标识符，必须满足标识符的命名规则。

② 函数可以没有返回值，此时应定义返回值类型为 void。

③ 函数可以没有参数列表。

④ 函数可以为空，如 draw ( ) { }；空函数没有任何实际意义，在程序中多用于功能的扩充。

⑤ 不能在函数中定义函数。

2. 函数声明。

返回类型 函数名（类型名，类型名…）

或 返回类型 函数名（类型名 参数1，类型名 参数2…）

示例2：函数的声明。

```
int min(int x, int y);
int max(int, int );
```

函数声明中的参数名称可以和函数定义中的参数名不同。但声明中的返回值类型必须与定义中的一致。为了增强程序的可读性，建议使用带参数的函数声明方式。

3. 函数的参数。

形参：子函数（被调函数）内部准备接收数据的参数叫形参。形参必须指定类型。形参在函数被调用前不占内存；函数调用时为形参分配内存；调用结束，内存释放。

实参：调用者提供的参数叫实参，实参是实际参与运算的数据，实参必须有确定的值。

示例3：参数的值传递。

```
#include <stdio.h>
void swap(int a,int b);      //函数的声明,a 和 b 是形参
void main( )
{
    int i,j;
    i = 1;j = 2;
    printf("交换前 i = %d,j = %d\n",i,j);
    swap(i,j);      //调用函数 swap,i,j 是实参
    printf("交换后 i = %d,j = %d\n",i,j);
}
void swap(int a,int b)
{
    int t;
```

```
                    t = a; a = b; b = t;
                    printf("swap 函数中的交换后 a = %d, b = %b\n", a, b);
        }
```
程序输出结果：
  交换前 i = 1，j = 2
  swap 函数中的交换后 a = 2，b = 1
  交换后 i = 1，j = 2

可以看出，调用 swap 函数交换了形参 a、b 的值，却没有交换实参 i, j 的值。

注意：
① 实参可以是常数、表达式或函数。
② 实参与形参的类型必须相同或赋值兼容。
③ 实参对形参的数据传递是值传递，只能由实参传递给形参，而不能由形参回传给实参。而且在内存中，形参与实参占用不同的内存单元，因此形参的改变并不影响实参。

4. 函数的调用。
（1）函数调用的形式：
  函数名（实参表）；
（2）函数调用的实质：
  ① 程序执行流程转向由函数名指定的被调用函数；
  ② 实参数一一对应地传递（赋值或复制）给函数定义中的形参；
  ③ 执行函数定义中的函数体；
  ④ 执行结束，通过 return 语句将值返回到调用处；对于无返回值函数程序流程直接返回到调用处；
  ⑤ 程序执行流程返回调用处，执行后面的语句。
（3）有返回值函数调用。
  ① 放到一个数值表达式中，如 c = max(a, b)；
  ② 作为另一个函数调用的参数，如 c = max(max(a,b),c)；
         printf("%d\n", max(a,b))；
（4）无返回值函数的调用。
函数调用表达式，单独一行使用，如 display(a, b)。

示例 4：编写函数 LtoU(a)，将任意字符 a 转换为大写字母。字符 a 从键盘输入，以 # 作为输入结束标志。转换后输出 a。程序流程图和源码分别如图 4 - 1、图 4 - 2 和图 4 - 3 所示。

5. 函数的嵌套调用。被调用的函数又调用另外一个函数，即为嵌套调用。但函数不能嵌套定义。

6. 函数的递归调用。采用递归方法求解一个问题，该问题必须满足以下条件：
（1）可以把要求解的问题转化为新的问题，而且新问题的解法与原问题相同。
（2）必须有一个明确的结束递归的条件。

图4-1 程序流程图　　　　图4-2 LtoU（）函数流程图

```
#include <stdio.h>
char LtoU (char c);    // 函数的声明
void main ()
{
    char a;
    while ((a = getchar()) != '#')  //键盘输入一个字符,并判断是否为#
    {
        a = LtoU (a);      //调用函数,并将返回值赋给a
        putchar (a);       //输出字符
    }
}
char LtoU (char c)     //函数的定义
{
    if (c >= 'a' && c <= 'z')    //判断是否为小写
        c = c - 'a' + 'A';        //转换为大写。
    return c;                     //返回大写字母
}
```

图4-3 示例4 程序源码

示例5：用递归方法求 n！。

n！数学关系表示如下：

$$n! = \begin{cases} 1 & n=0 \\ n(n-1)! & n>0 \end{cases}$$

当 n>0 时，n！可以转化为求 n（n-1）！的新问题，且求解方法相同；终止递归条件是 n=0，n！问题满足递归求解的要求。程序流程图如4-4和图4-5所示。程序源码如图4-6。

图 4-4　主程序流程图　　　　　图 4-5　子程序流程图

```c
#include <stdio.h>
int factorial ( int n )
{
    if ( n==1 || n ==0 )    //递归终止条件
        return 1;
    else
        return n* factorial ( n-1 );    //调用n ( n-1 )!，求n!
}
void main ()
{
    int n =-1, fac;
    while ( n < 0 )
    {
        printf (" 请输入要计算的n： ");
        scanf (" %d" ,&n );
        if ( n < 0 )
            printf (" 输入的数据不合理! ");
    }
    fac = factorial ( n );
    printf (" %d!=%d\n" , n, fac );
}
```

图 4-6　求 n! 的程序源码

7. 变量的作用域。

（1）局部变量作用域和生存期。局部变量是定义在函数内部或复合语句内部定义的变量。在此之外不能使用。

变量的作用域

示例 6：
```
    int fun1(int i)
    {
        ……
    }
    int fun2( )
    {
        int j;
        if(j > 0)
        {
            int k;
            ……
        }
        ……
    }
```

示例 6 中的变量 i，j，k 都是局部变量。i 的作用域是整个 fun1 函数；j 的作用域是整个 fun2 函数；k 的作用域是整个 if 子句。

说明：

① 形参都是局部变量。

② 不同函数之间可以使用同名的局部变量。

（2）全局变量作用域和生存期。在函数外部定义的变量，它的作用范围是从定义位置到源文件结束，因此成为全局变量。全局变量实际上是在函数之间增加了一种数据传递的方式。但是，任何一个函数中都可以改变全局变量的值，从而影响到其他函数，要小心使用全局变量。

如果函数内部的局部变量和函数外的全局变量重名，则在函数内被访问的是局部变量，全局变量被屏蔽掉。

引用一个已定义的全局变量，用 extern，如 extern int k。

示例 7： 全局变量和局部变量的重名时的函数访问方式。
```
    #include <stdio.h>
    int x = 10;        //全部变量
    void display( );   //函数的声明
    void main( )
    {
        int x = 20;    //局部变量,与全局变量同名
        printf("\n%d",x);  //输出的是局部变量的值
```

```
        display();        //函数的调用
    }
    void display()        //函数的定义
    {
        printf("\n%d",x);  //输出全局变量的值
    }
```
程序的运行结果是：20
                    10

(3) 静态 static 变量作用域和生存期。用关键字 static 声明的变量称为静态变量，static 变量的存储单元被分配在静态存储区。它具有如下特征：

ⅰ. 存储位置：内存。

ⅱ. 默认初始值：0。

ⅲ. 作用域：限定在变量定义的源文件内有效。

ⅳ. 生存周期：在不同的函数调用之间，变量的值保持不变。

示例 8： 比较图 4－7 中两个程序和它们的输出结果，理解自动存储类型和静态存储类型的不同。

| ```
#include<stdio.h>
void increment ();
void main ()
{
    increment ();
    increment ();
    increment ();
}
void increment ()
{
    int i = 1;
    printf(" %d\n" , i);
    i = i + 1;
}
``` | ```
#include <stdio.h>
void increment ();
void main ()
{
    increment ();
    increment ();
    increment ();
}
void increment ()
{
    static int i = 1;
    printf(" %d\n" , i);
    i = i + 1;
}
``` |
|---|---|
| 以上程序段的输出结果如下： | |
| 1
1
1 | 1
2
3 |

图 4－7

8. C 语言全局变量和局部变量几个问题的汇总。

(1) 局部变量能否和全局变量重名？

答：能，局部会屏蔽全局。要用全局变量，需要使用"::"。

局部变量可以与全局变量同名，在函数内引用这个变量时，会用到同名的局部变量，而不会用到全局变量。对于有些编译器而言，在同一个函数内可以定义多个同名的局部变量，如在两个循环体内都定义一个同名的局部变量，而那个局部变量的作用域就在那个循环体内。

(2) 如何引用一个已经定义过的全局变量？

答：extern。

可以用引用头文件的方式，也可以用 extern 关键字，如果用引用头文件方式来引用某个在头文件中声明的全局变量，假定你将那个变量写错了，那么在编译期间会报错，如果你用 extern 方式引用时，假定你犯了同样的错误，那么在编译期间不会报错，而在连接期间报错。

(3) 全局变量可不可以定义在可被多个 .c 文件包含的头文件中？为什么？

答：可以，在不同的 C 文件中以 static 形式来声明同名全局变量。

可以在不同的 C 文件中声明同名的全局变量，前提是其中只能有一个 C 文件中对此变量赋初值，此时连接不会出错。

(4) static 全局变量与普通的全局变量有什么区别？static 局部变量和普通局部变量有什么区别？static 函数与普通函数有什么区别？

答：static 全局变量与普通的全局变量有什么区别：static 全局变量只初始化一次，防止在其他文件单元中被引用；

static 局部变量和普通局部变量有什么区别：static 局部变量只被初始化一次，下一次依据上一次结果值；

static 函数与普通函数有什么区别：static 函数在内存中只有一份，普通函数在每个被调用中维持一份复制。

(5) 程序的局部变量存在于（堆栈）中，全局变量存在于（静态区）中，动态申请数据存在于（堆）中。

四、实验内容

1. 预测下列程序的结果，并上机验证运行结果。

```
static int x = 20;
void f1( )
{
    int  x = 5;
    x += 10;
    printf("%d…f1( )\n",x);
}
void f2( )
{
    x += 10;
    printf("%d…f2( )\n",x);
}
void main( ){
    int x = 10;
```

```
            f1( );
            f2( );
            printf("%d…main( )\n",x);
        }
```

2. 编写一函数 IsPrime，判断某个大于 2 的正整数是否为素数。

分析：素数是指除了能被 1 和它本身整除外，不能被其他任何整数整除的数。根据定义，判断素数的方法：把 m 作为被除数，把 $i=2\sim\sqrt{m}$ 依次作为除数，判断被除数 m 与除数 i 相除的结果，若都除不尽，则 m 为素数，反之，只要有一次除尽（余数为 0），则它不是素数。

3. 输入三个 0~9 之间的整数，输出该三个数字能组成的最大三位整数，利用循环实现能够多次输入和输出，当程序输入三个数字均为 9 时程序结束。例如：输入：5，7，3。则输出：753；输入：0，5，3，则输出：530。要求以函数形式实现，接受三个整型的参数函数。

分析：在函数中，先比较 3 个形参的大小后，用公式 $max = 100 \times a + 10 \times b + c$，$(a \geq b \geq c)$，求得最大三位数，然后输出结果。

4. 编写一个程序，给学生出一道加法运算题，然后判断学生输入的答案对错与否，按下列要求以循序渐进的方式编程。要求自定义 Add 函数来进行两个整数的加法运算；自定义 Print 函数判断正确与否；main 函数负责输入两个数和输出答案对错与否。

通过输入两个加数给学生出一道加法运算题，如果输入答案正确，则显示"Right!"，否则显示"Not correct! Try again!"，程序结束。

（1）通过输入两个加数给学生出一道加法运算题，如果输入答案正确，则显示"Right!"，否则显示"Not correct! Try again!"，直到做对为止。

（2）通过输入两个加数给学生出一道加法运算题，如果输入答案正确，则显示"Right!"，否则提示重做，显示"Not correct! Try again!"，最多给三次机会，如果三次仍未做对，则显示"Not correct! You have tried three times! Test over!"，程序结束。

（3）连续做 10 道题，通过计算机随机产生两个 1~10 之间的加数给学生出一道加法运算题，如果输入答案正确，则显示"Right!"，否则显示"Not correct!"，不给机会重做，10 道题做完后，按每题 10 分统计总得分，然后打印出总分和做错的题数。

分析：Add 函数和 Print 函数形参为输入的两个数，Add 函数返回值为两个数相加计算的结果。根据 Print 函数的返回值为 1 判断结果为正确，返回值为 0，则计算错误。注意输入/输出格式中的变量的类型要匹配。

随机数产生函数为 rand( )，只要提供的随机数种子不同，每次执行程序时就会产生不同的随机数序列，可以通过使用如下语句：srand（time（NULL））；来实现，使用函数 time( ) 时，需用 #include 包含头文件 time.h，它返回以秒计算的当前时间值。利用 rand( )%b+a 运算产生随机数的范围为 [a, a+b-1] 之间。

5. 通过计算机随机产生 10 道四则运算题，两个操作数为 1~10 之间的随机数，运算类型为随机产生的加、减、乘、整除中的任意一种，如果输入答案正确，则显示"Right!"，否则显示"Not correct!"，不给机会重做，10 道题做完后，按每题 10 分统计总得分，然后打印出总分和做错题数，用函数实现四则运算（可作为周末上机题）。

分析：

（1）运算类型为随机产生的加、减、乘、整除中的任意一种，可通过 rand( )%4+1 来实现，当 rand( )%4+1 结果为 1 时，运算类型设定为加；当结果为 2 时，运算类型设定为减，依次类推。程序中可以采用 switch – case 语句来实现运算过程。

（2）主函数中调用子函数并在主函数中输出结果。

（3）子函数功能实现四则运算。在子函数中要设置一标志变量，用于判断答题结果的正确与否，同时要统计正确答题数量，在答完 10 道题后，将正确答题数量返回给主函数，根据返回值分别输出总分和错题数，其中总分计算公式为：正确答题数量 ∗ 10，错题数计算公式为：10 – 正确答题数量。

6. 编程实现对输入的英文字符进行加密。加密方法为，当内容为英文字母时，使用 26 个字母后的第 3 个字母代替该字母，如 'A' 替换为 'D'，'X' 替换为 'A'，若为其他字符时不变，并输出加密后的字符（函数实现）。

7. 分别编写函数：计算两个点之间的距离和计算三角形的面积，并且用这些函数的结果来开发另一个函数，具体要求如下：

计算由三个顶点 A（x1，y1），B（x2，y2）和 C（x3，y3）构成的三角形的面积。然后再用这些函数来开发另一个函数：即如果点（x，y）位于三角形 ABC 的内部，返回 1，否则返回 0。

分析：三角形面积的公式：$area = \sqrt{s(s-a)(s-b)(s-c)}$，式中 $s = (a+b+c)/2$，a，b，c 为分别为三角形的边长。

在此处可以使用一种常见且简便的方法：如果三角形 PAB，PAC 和 PBC 的面积之和与三角形 ABC 的面积相等，即可判定点 P 在三角形 ABC 内（包括在三条边上）。

8. 汉诺塔问题是印度的一个古老的传说。开天辟地的神勃拉玛在庙里留下了三根金刚石的棒（分别标识为 A 棒，B 棒，C 棒），A 棒上面套着 64 个圆形的金片，最大的一个在底下，其余一个比一个小，依次叠上去，庙里的众僧不倦地把它们一个一个地从 A 棒搬到 C 棒上，规定可利用 B 棒作为帮助，但每次只能搬一个，而且大的不能放在小的下面。要求编程实现金片移动（动态显示）的步骤。

分析：汉诺塔函数实现如下：

```
void hanoi(int n,int p1,int p2,int p3)
{
    if(1 == n)
        printf("盘子从%d 移到%d\n",p1,p3);
    else
    {
        hanoi(n-1,p1,p3,p2);
        printf("盘子从%d 移到%d\n",p1,p3);
        hanoi(n-1,p2,p1,p3);
    }
}
```

五、思考题（上机验证下列各题）

1. 指出下面程序中的错误。
   ```
   #include <stdio.h>
   void main( )
   {
       float a = 15.5;
       char ch = 'c';
       printit(a,ch);
   }
   void printif(a,ch)
   {
       printf("\n%f %c",a,ch);
   }
   ```

2. 以下程序若运行时输入 5678 后按回车键，则程序的输出结果是_____。
   ```
   int sub(int n)
   {
       return (n/10 + n%10);
   }
   void main( )
   {
       int x,y;
       scanf("%d",&x);
       y = sub(sub(sub(x)));
       printf("%d\n",y);
   }
   ```

3. 指出下列程序中的错误并改正。
   ```
   #include <stdio.h>
   void pass(int,int);
   void main( )
   {
       int i = 158, a = 158, k;
       k = pass(i,a);
       printf("\n%d",k);
   }
   void pass(int j,int b)
   int c;
   ```

```
        {
            c = j + b;
            return c;
        }
```

4. 以下程序执行后的输出结果是_____。

```
#include <stdio.h>
int m = 1;
int fun(int n)
{
    static int m = 2;
    n++;
    return(m++) + n;
}
void main()
{
    int i, j = 0;
    for(i = 0; i < 2; i++)
    {
        int m = 3;
        j += fun(m);
    }
    j += m;
    printf("%d\n", j);
}
```

5. 以下程序执行后的输出结果是_____。

```
#include <stdio.h>
int f(int a)
{
    int b;
    if(a == 0 || a == 1)
        return 3;
    b = a - f(a - 2);
    return b;
}
void main()
{
    printf("%d\n", f(7));
}
```

实验五

C 程序调用中的指针参数

一、实验目的

1. 掌握指针的概念，会定义和使用指针变量。
2. 了解指针参数的特殊性。
3. 掌握字符指针的应用。
4. 使用指针解决实际问题。

二、实验环境

1. Windows XP/7 操作系统。
2. Visual Studio 2008 软件。

三、相关知识

1. 变量与存储单元的关系。

假设有如下的声明语句：

int i = 8;

这个声明告诉 C 编译器要进行如下的操作：

① 为保存这个整型值预留内存空间；
② 将变量 i 与存储单元相关联；
③ 将 3 存储到这个存储单元。

可以用图 5-1 所示的内存图来表示 i 的内存单元。

可以看到计算机选择内存单元 65524 作为存储 8 这个值的存储地方。单元号 65524 并不是一个不变的值，计算机在不同的时刻可能会选择另外一个不同的单元号，用来存储 8 这个

图 5-1

值。i 在内存中的地址是一个编号。

示例 1：可以打印地址编号。
#include <stdio. h>
void main( )
{
  int i = 8;
  printf("i 的地址:i = % u",&i);
  printf("i 的值:i = % d",i);
}

表达式 &i 返回变量 i 的地址，因此表达式 &i 将变量与地址相关联。

2. 指针符号。

指针符号 *，称为地址值的操作符，它给出存储在特定地址上的值。

示例 2：
#include <stdio. h>
voi d main( )
{
  int i = 9;
  printf("i 的地址:i = % u\n",&i);
  printf("i 的值:i = % d\n",i);
  printf("i 的值:i = % d\n", *(&i));
}

程序的输出结果为：
i 的地址：i = 65536
i 的值：i = 3
i 的值：i = 3

注意：输出 * (&i) 的值和输出 i 的值是一样的。

表达式 &i 给出了变量 i 的地址。这个地址值可以用一个变量来保存，表达式如下：

j = &i;

这个 j 不是一般的整型变量，它是保存变量 i 的地址的变量。所以在使用变量 j 之前，必须声明 j，声明格式如下：

  int * j;

这个声明告诉编译器，j 是用来存储变量的地址的，是一个整型值。图 5-2 可以说明 i 和 j 之间关系。

图 5-2

示例 3：
```
#include <stdio.h>
void main()
{
    int i = 8;
    int *j;
    j = &i;
    printf("i 的地址 = %u\n", &i);
    printf("i 的地址 = %u\n", j);
    printf("j 的地址 = %u\n", &j);
    printf("j 的值 = %d\n", j);
    printf("i 的值 = %d\n", i);
    printf("i 的值 = %d\n", *(&i));
    printf("i 的值 = %d\n", *j);
}
```

程序的输出结果：
i 的地址 = 65526
i 的地址 = 65526
j 的地址 = 65524
j 的值 = 65526
i 的值 = 8
i 的值 = 8
i 的值 = 8

指针是一个变量，它保存的是另一个变量的地址。这个变量本身也可以是另一个指针。于是，就会有一个指针，该指针保存了另一个指针的地址。

示例 4：
```
#include <stdio.h>
void main()
```

```
{
    int i = 8;
    int * j;
    int * * k;
    j = &i;
    k = &j;
    printf("i 的地址 = % u\n",&i);
    printf("i 的地址 = % u\n",j);
    printf("i 的地址 = % u\n", * k);
    printf("i 的值 = % d\n",i);
    printf("i 的值 = % d\n", * (&i));
    printf("i 的值 = % d\n", * j);
    printf("i 的值 = % d\n", * * k);
    printf("j 的地址 = % u\n",&j);
    printf("j 的地址 = % u\n",k);
    printf("j 的值 = % d\n",j);
    printf("k 的地址 = % u\n",&k);
    printf("k 的值 = % d\n",k);
}
```

程序的输出结果如下：
i 的地址 = 65530
i 的地址 = 65530
i 的地址 = 65530
i 的值 = 8
i 的值 = 8
i 的值 = 8
i 的值 = 8
j 的地址 = 65528
j 的地址 = 65528
j 的值 = 65530
k 的地址 = 65526
k 的值 = 65528

图 5-3 可以帮助了解程序的输出是怎样得到的。

3. 指针变量与函数。

（1）指针变量作为函数参数。指针变量可以作为函数的形参。这样，函数调用时实质上是将实参的地址传递给形参，称为址传递。

在 C 语言的编程中，进行传值调用函数时，就意味着不能改变实参的值。如果想改变实参的值，可以通过址传递来达到目的。

图 5-3

示例 5：
```
#include <stdio.h>
#define PI 3.14
void area(int,float * ,float * );
void main( )
{
    int radius;
    float areas,meter;
    printf("请输入圆的半径:");
    scanf("%d",&radius);
    area(radius,&areas,&meter);
    printf("面积 = %.2f\n",areas);
    printf("周长 = %.2f\n",meter);
}
void area(int r,float * a,float * m)
{
    * a = PI * r * r;
    * m = PI * 2 * r;
}
```

程序输出结果如下：
请输入圆的半径：5
面积 = 78.50
周长 = 31.40

（2）指针作为函数返回值。函数的返回值不仅可以是简单类型，也可以是指针类型。

示例 6：
```
#include <stdio.h>
int * min(int * ,int * y);
void main( )
{
    int i = 1,j = 2;
    int * m;
```

```
        m = min(&i,&j);
        printf("最小值:%d\n",*m);
}
int * min(int * x,int * y)
{
        int * z;
        z = ( *x < *y) ? x:y;
        return z;
}
```

示例6中的min函数返回较小变量的地址。程序输出的结果是1。

四、实验内容

1. 阅读下列程序，指出下面程序错误的原因并改正。
```
main( )
{
        int x = 10,y = 5,*px,*py;
        px = py;
        px = &x;
        py = &y;
        printf(" *px = %d, *py = %d,*px,*py);
}
```

分析：没有指针变量初始化的概念，误以为没有初始化的内存的默认值全为0。如果内存分配成功，但是尚未初始化就引用它，那么将会导致非法内存访问错误。

2. 给出下面程序的输出结果。
```
#include <stdio.h>
void fun(int * x,int y);
void main( )
{
        int i = 4,j = 2;
        fun(&i,j);
        printf("%d %d\n",i,j);
}
void fun(int *i,int j)
{
        *i = *i * *i;
        j = j * j;
}
```

3. 想使指针变量 pt1 指向 a 和 b 中的大者，pt2 指向小者，以下程序能否实现此目的？如不能实现目标，找出原因并修改之。

```
#include <stdio.h>
void swap(int * p1,int * p2)
{
    int * p;
    p = p1;
    p1 = p2;
    p2 = p;
}
void main()
{
    int a,b,* pt1,* pt2;
    scanf("%d,%d",&a,&b);
    pt1 = &a;
    pt2 = &b;
    if(a < b)
        swap(pt1,pt2);
    printf("%d,%d\n",* pt1,* pt2);
}
```

分析：由于 C 语言中函数参数的传递方式是"单向值传递"，当用简单变量作为函数参数进行函数调用时，数据只能由实参传递给形参，而且对形参的改变不会影响主调函数中对应实参的值。

由于指针变量中存放的是某个变量的地址，所以用指针变量作为函数的参数，它传给形参的是指针所指向的某个变量所占存储单元的地址，通过这个地址就可以在函数调用结束返回主函数以后，得到一个变化的值。swap 函数中的地址交换并不意味着对应的值也交换了，就相当于换了门牌号，但该门牌号对应的房间里的内容却没有变化是一个道理，所以有了地址以后，还要交换地址对应的内容，才能实现实参值的交换。

4. 判断下面的程序是否有错，若有错误，请指出。

```
#include <stdio.h>
void function(int * );
void main()
{
    int i = 35;
    int * z;
    z = function(&i);
    printf("%d\n",z);
}
void function(int * m)
```

```
        return (m + 2);
}
```

五、思考题（上机验证下列各题）

1. 设有定义：float x；则以下对指针变量 p 进行定义且赋初值的语句中正确的是_____。
   A. float * p = 1024;   B. int * p = (float) x;   C. float p = &x;   D. float * p = &x;
2. 设有定义：int x = 0, y, *p = &y, *q = &x; 以下赋值语句中与 y = x; 语句等价的是_____。
   A. *p = *q   B. p = q   C. *p = &x   D. p = *q;
3. 分析下列程序，观察程序的运行结果。
```
#include <stdio.h>
void main()
{
    float a = 13.5;
    float * b, * c;
    b = &a;    //假设 a 的地址为 1008
    c = b;
    printf("%u %u %u\n", &a, b, c);
    printf("%f %f %f %f %f\n", a, *(&a), *&a, *b, *c);
}
```
4. 指出下列程序中的错误，并改正。
```
#include <stdio.h>
void jy(int, int)
void main()
{
    int p = 20, f = 21;
    jy(&p, &f);
    printf("%d %d\n", p, f);
}
void jy(int q, int u)
{
    q = q + q;
    u = u + u;
}
```
5. 指出下列程序的运行结果。
#include <stdio.h>

```
void fun(int m,int * n)
{
    int k =0;
    if ( m % 3 ==0)
        k = m / 3;
    else if ( m % 5 ==0)
        k = m / 5;
    else
        fun( --m,&k);
    *n = k;
}
void main()
{
    int x =7,y;
    fun(x,&y);
    printf("%d\n",y);
}
```

A. 2   B. 1   C. 3   D. 0

实验六

数组在 C 程序中的使用

一、实验目的

1. 掌握数组定义的规则。
2. 掌握 C 语言数组的基本用法。
3. 掌握数组的应用。
4. 了解数组和指针的联系与区别。
5. 使用数组解决实际问题。

二、实验环境

1. Windows XP/7 操作系统。
2. Visual Studio 2008 软件。

三、相关知识

1. 数组声明。
数组声明：存储类型 数据类型 数组名［整数1］［整数2］……［整数n］；
如：int a[10];
声明数组注意事项：
① 数组大小必须是常量表达式（常量或符号常量），其值必须为正，不能为变量；
② 数组一旦声明，不能改变大小；
③ 数组大小最好用宏来定义，以适应未来可能的变化，如：
　　#define SIZE 10
　　int a[SIZE];

2. 一维数组。用一个下标确定各元素在数组中的顺序，可用排列成一行的元素组来表示，如 int a[5]，表示 a 是整型数组，有 5 个整型元素，分别为 a[0]，a[1]，a[2]，a[3]，a[4]。声明数组后，数组中所有元素都有编号，从 0 开始。

3. 二维数组。用两个下标确定各元素在数组中的顺序，可用排列成 i 行，j 列的元素组来表示。如 int b[2][3]，表示一个整型的二维数组，有 2 行 3 列。

4. 数组的初始化。数组定义后的初值仍然是随机数，一般需要来初始化。如：
int a[5] = {12, 34, 56, 78, 9};
int a[5] = {0};
int a[ ] = {11, 22, 33, 44, 55}。
int a[3][2] = {
    {1, 3},
    {5, 7},
    {9, 11}
   };

5. 数组的访问。声明数组后，访问数组中的单个元素，通过下标，即数组名后面的方括号里的数字，它代表了元素在数组中的位置。如 a[3]，表示的是数组中的第 4 个元素，而不是第 3 个元素。

二维数组的访问也是通过下标来实现，如 a[2][2]，表示是数组中第 2 行，第 2 个元素，详见示例 2。

示例 1：编写程序，计算一个班的 10 名学生在一次测验中的平均成绩。

```c
#include <stdio.h>
void main()
{
    int sum = 0, i;
    int scores[10];
    printf("请输入成绩,按回车:");
    for(i = 0; i <= 9; i++)
    {
        scanf("%d", &scores[i]);
    }
    for(i = 0; i <= 9; i++)
    {
        sum = sum + scores[i];
    }
    printf("平均成绩:%d", sum/10);
}
```

示例 2：编写程序，保存学生的学号及其对应的成绩。
#include <stdio.h>
void main()

```
    int stu[4][2];
    int i;
    printf("请输入学号和成绩,学号和成绩中间用空格隔开:\n");
    for(i=0;i<=3;i++)
    {
        scanf("%d %d",&stu[i][0],&stu[i][1]);
    }
    //输出
    printf("学号\t成绩\n");
    for(i=0;i<4;i++)
    {
        printf("%d\t%d\n",stu[i][0],stu[i][1]);
    }
}
```

6. 数组与指针。

根据以前所学在知识,得出两面2个结论:

(1) 数组元素总是存储在内存的相邻单元;
(2) 当指针加1时,该指针总是指向紧邻它的下一个相同数据类型的单元。

示例3:

```
#include <stdio.h>
void main()
{
    int a[] = {10,20,33,41,55,62,78};
    int *i, *j;
    i = &a[1];
    j = &a[5];
    printf("%d %d\n",j-i,*j - *i);
}
```

这里i,j被声明为整型指针,分别指向了数组的第1个和第5个元素的地址。假设数组a的起始地址为65512,那么元素a[1]和a[5]的地址分别为65516和65532,因为每个整型数在内存中占4个字节。a[1]和a[5]位置之间相差4个整型数,所以表达式j-i的值为4,*j和*i代表指针j和指针i地址上的值,所以*j-*i=42。

示例4:指针访问一维数组。

```
#include <stdio.h>
void main()
{
    int x[] = {1,3,14,36,53,66};
    int i, *j;
```

```
        j = &x[0];
        for(i = 0; i <= 5; i++)
        {
            printf("地址 = %u,值 = %d\n",j,*j);
            j++;
        }
}
```

在程序中，首先通过下列这条语句使 j 获得了数组的首地址：
j = &x[0];
也可以采用：j = x;获得数组的首地址。
随着 j 的值加 1，指针 j 指向了该类型的下一个内存单元。*j 指向该单元存储的值。如此循环，直到数组最后一个元素被输出。
对于以固定的顺序来访问数组元素，就应该用指针来访问。用指针访问数组比用下标访问数组要快。

示例 5：指针访问二维数组。

```
#include <stdio.h>
void main()
{
    int a[4][2] = {
                    {131541,23},
                    {131542,33},
                    {131543,45},
                    {131544,56}
                  };
    int i,j;
    for(i = 0; i <= 3; i++)
    {
        for(j = 0; j <= 1; j++)
        {
            printf("%d", *(*(a+i)+j));
        }
        printf("\n");
    }
}
```

二维数组实际上是一个一维数组，这个一维数组的每个元素又是一维数组。示例 5 中的 a[0]，a[1]，a[2]，a[3] 都是一维数组名，是一个常量指针。二维数组名 a 也是一个常量指针，其值为二维数组中首元素的地址。因此 a 的值与 a[0] 的值相同，a+1 的值与 a[1] 的值相同。

元素 a[i][j] 的地址有以下 5 种表示方法：

(1) &a[i][j]；(常用)
(2) a[i]+j；(常用)
(3) *(a+i)+j；(常用)
(4) a[0]+4*i+j；(不常用)
(5) &a[0][0]+4*i+j；(不常用)

通过指针变量来引用数组中元素 a[i][j]时，有以下几种方式：
(1) *(p[i]+j)；
(2) *(*(p+i)+j)；
(3) (*(p+i))[j]；
(4) p[i][j]；

四、实验内容

1. 编写程序，测试下列数组的定义方式是否正确。

(1) main(){
　　int n；
　　scanf("%d",&n)；
　　int a[n]；
　　……
　　}

(2) main(){
　　const int n=10；
　　int a[n]；
　　}

(3) #include <stdio.h>
　　#define M 10
　　main(){
　　int a[M]；
　　}

(4) main(){
　　int a[2+2*4]；
　　}

(5) #include <stdio.h>
　　#define M 2
　　#define N 8
　　main(){
　　int a[M+N]；

通过上述实验，可以说明什么问题？

分析：数组的大小必须是常量、常量表达式或符号常量，且其值必须为正。

2. 运行下面的 C 程序，根据运行结果，可以说明什么？

```
main( ){
    int num[5] = {1,2,3,4,5};
    int i;
    for(i = 0;i <= 5;i + + )
        printf("%d",num[i]);
}
```

分析：对于数组 a[N]，则数组的下标范围为 [0，N-1]，超过 N-1 这个范围，数组的值为一个随机数。

3. 操作符 & 用以求一个变量的地址，这在函数 scanf 中已经使用过了。现在要你设计一个函数，输出一个 3 * 5 的二维数组各元素的地址和相应元素的值，并由此观察二维数组中各元素是按什么顺序存储的（分别用二维数组和二维数组指针两种方法实现）。

分析：在 C 语言中，指针与数组的关系极为密切。首先，指针的算术运算和关系运算常常是针对数组中的元素而言的。由于数组在内存中是连续存放的，所以指向同一数组中不同元素的两个指针的关系运算常用于比较它们所指元素在数组中的前后位置关系。

在表达式中，数组名被自动转化为指向数组中的第一个元素的常量指针。如：

```
int a[10];
int * p;
P = a;
```

由于 a 被自动转换为指向 a[0] 的一个 int * 类型的常量指针，所以赋值语句 p = a 被执行后，指针变量 p 也指向了 a[0]。

数组元素 a[i] 被编译程序解释为表达式 *(a+i)，即表示引用数组首地址所指元素后面的第 i 个元素。而 &a[i] 表示取数组 a 的第 i+1 个元素的地址，等价于指针表达式 a+i。因此，数组元素可以通过指针来引用，指针也可以用下标形式来表达。

对于二维数组 int a[i][j]，a[i]即 *(a+i) 可以看成是一维数组 a 的下标为 i 的元素，同时，a[i]即 *(a+i) 又可看成是由 a[i][0]，a[i][1]，a[i][2]，…，a[i][j-1]组成的一维整型数组的数组名，代表这个一维数组的首地址，即第一个元素 a[i][0]的地址（&a[i][0]）；而 a[i]+j 即 *(a+i)+j 代表这个数组中下标为 j 的元素的地址，即 &a[i][j]。*(a[i]+j)即 *(*(a+i)+j)代表这个地址所指向的元素的值，即 a[i][j]。因此，以下 4 种表达元素 a[i][j]的形式是等价的。

    a[i][j]
    *(a[i]+j)
    ((a+i)+j)
    (*(a+i))[j]

通过双重 for 循环语句，给一个 3 * 5 的二维数组赋值，然后再利用双重 for 循环语句输出各元素的地址。

4. 已知一个数组 a 大小为 20 个元素，用随机函数生成 20 个不同的 2 位整数填充该数组,再将该数组元素从小到大排序。现要求任意输入一个 2 位整数,要求将该数插入数组中合适的位置,使得这个数组中的 21 个元素仍然按照从小到大的顺序排列,并将数组按下标顺序输出。

分析:将 20 个排序好的数组元素与待插入的整数进行比较,可以先采用顺序查找或折半查找法找出待插入数据的位置 i,然后数组下标加 1,将 i 位置后的所有元素依次后移,再在 i+1 位置上插入数据。

顺序查找法的基本思路:利用循环顺序扫描整个数组,依次将每个元素与待查找数据进行比较;若找到,则停止循环,输出其位置;若所有元素都比较后仍未找到给定的查找值,则循环结束后,则输出"未找到"。

折半查找法的基本思路(数据先排序好):使用均分确定的方法,先找出区间点的中点元素。如果被查找信息的关键字小于(降序时为大于)中点元素,则找出中点的前半部分的中点元素;如果被查找信息的关键字大于(降序时小于)中点元素,则找出中点的后半部分的中点元素。该过程继续到找到匹配值或区间已无法继续二分时结束。

5. 按照下列步骤要求编写程序,筛选出 1~100 之间的素数。
(1)将 1~100 的数存入数组 num[100];
(2)从数组的第 2 个元素开始,将数组中其他所有是它倍数的元素都设为 0;
(3)从下一个非 0 元素开始,将数组中其他所有是它倍数的元素都设为 0;
(4)重复第(3)步,直到将所有非 0 元素的倍数的元素都设为 0;
(5)当第(4)步结束时,留在数组中的所有非 0 元素就是素数,输出这些数字。

6. 图 6-1 所示为一个网络拓扑图,网络节点标号已在图中标示出,相邻节点由单向信道相连,即连接 0→1 和 1→0 是两个不同的信道。相邻的三个节点如(0-1-8)构成一个转向,0-1-2 则不构成转向,编程实现以下功能(此题可作为周末集中上机实验题)。

(1)找出图中的所有信道,给各信道编号,输出信道以及与之相邻接的两个节点。
(2)找出图中的所有转向并输出。

图 6-1

五、思考题（上机验证下列各题）

1. 设有以下定义和语句：
   char str[10] = "C Language";
   char * p;
   p = str;
   则以下叙述正确的是_____。
   A. *p 与 str[0] 的值相等
   B. str 与 p 的类型完全相同
   C. str 数组长度和 p 所指向的字符串长度相等
   D. 数组 str 中存放的内容和指针变量 p 中存放的内容相同

2. 以下程序运行后的输出结果是_____。
   ```
   void main( )
   {
       int a[10] = {1,2,3,4,5,6,7,8,9,10};
       int * p, *q;
       p = &a[3];
       q = p + 2;
       printf("%d\n", *p + *q);
   }
   ```
   A. 16   B. 10   C. 8   D. 6

3. 以下程序执行后的输出结果是_____。
   ```
   void main( )
   {
       int i,s = 0;
       int a[ ] = {1,2,3,4,5,6,7,8,9};
       for(i = 0;i < 9;i += 2)
           s += * (a + i);
       printf("%d\n",s);
   }
   ```
   A. 45   B. 20   C. 25   D. 36

4. 以下程序的运行结果是_____。
   ```
   void fun(int * a,int n)
   {
       int i,j,k;
       for(i = 0;i < n - 1;i ++)
       {
   ```

```
            for(j = i + 1; j < n; j++)
            {
                if(a[i] < a[j])
                {
                    k = a[i];
                    a[j] = a[i];
                    a[i] = k;
                }
            }
    }
}
void main()
{
    int b[10] = {1,2,3,4,5,6,7,8,9,0};
    int i;
    fun(b+4,6);
    for(i = 0; i < 10; i++)
        printf("%d"b[i]);
    printf("\n");
}
```

A. 1234567890   B. 0987651234;   C. 0987654321   D. 1234987650

5. 下列程序的输出结果_____。

```
void main()
{
    int n[3][3] = {
                    2,4,3,
                    6,8,5,
                    3,5,1};
    int i,j;
    for(i = 0; i <= 2; i++)
        for(j = 0; j <= 2; j++)
            printf("\n%d %d",n[i][j], *(*(n+i) + j));
}
```

实验七

结构体在 C 程序中的使用

一、实验目的

1. 掌握结构体类型变量的定义和使用。
2. 巩固循环程序设计。
3. 了解数组和结构体的联系与区别。
4. 使用结构体解决实际问题。

二、实验环境

1. Windows XP/7 操作系统。
2. Visual Studio 2008 软件。

三、相关知识

1. 结构体。
(1) 它是一种较为复杂而又非常灵活的构造型的数据类型。结构体类型是把关系紧密且逻辑相关的多种不同类型的变量组织到统一的名字之下，不同的结构体类型其成员不同；
(2) 对于一个具体的结构体而言，其成员的数量是固定的，这一点与数组相同，但该结构体中各成员的数据类型可以不同，这是结构体与数组的重要区别；
(3) 结构体类型定义的一般形式：
  struct 结构体名
  {
    结构体成员表列；
  };

(4) 结构体变量的定义和初始化方法

① 在定义类型的同时定义变量。

示例1：

```
struct student
{
    int num;
    char name[20];
    char sex;
    int age;
    float score;
}stu1,stu2;
```

② 先定义结构体类型再定义变量名，例如：

struct student stu1,stu2 = {20,"Betty",female,18,90};//变量可在定义时初始化

(5) 结构体成员的访问方法采用"."操作符，若采用指向结构体变量的指针访问结构体成员，则采用" -> "运算符。（联合体也是一样）。

示例2：

```
struct Point
{
    int x;
    int y;
};
void main()
{
    Point point, *p;
    p = &point;
    p->x = 1;
    p->y = 2;
    printf("x = %d,y = %d\n",p->x,p->y);
}
```

程序的输出结果为：x = 1，y = 2。

(6) 该类型的变量占用相邻的一段内存单元，即每个成员在内存中是顺序、连续存放。

2. 结构体数组。若有一个表格且有多个记录，则结构体变量只能代表表格中的一个记录，定义一个结构体数组可以表示整个表格。实现一个结构体数组过程：

(1) 声明结构体，例如前面定义的 struct student 结构体。

(2) 定义结构体数组，例如：struct student stu[50]。

示例3：假如要保存10本书的数据，这些数据包括书名，书的价格，书的页数。

```
#include <stdio.h>
struct book
```

```c
    {
        char name[50];
        float price;
        int pages;
    };
    void main()
    {
        struct book b[10];
        int i;
        for( i=0; i<=2; i++ )
        {
            printf("\n请输入书名,价格,数量:");
            scanf("%s%f%d",&b[i].name,&b[i].price,&b[i].pages);
        }
        for( i=0; i<=2; i++ )
        {
            printf("\n%s %.2f %d",b[i].name,b[i].price,b[i].pages);
        }
        printf("\n");
    }
```

3. 结构体数组与指针。结构体数组变量一旦定义,系统将为其申请一段相应的结构体类型的内存空间,指向该结构体的指针可用来对结构体数组元素进行操作,也可用来对结构体数组元素的成员进行操作。

4. 结构体与函数。把结构传递给函数有 3 种方式:

(1) 用结构体的单个成员作为函数参数:属于单向值传递,在函数内部对参数进行操作,不会引起结构体数值的变化。

(2) 用结构体整体作为函数参数:要求实参与形参是同一种结构体类型才可用这种方式传递。由于内存空间开销大,所以不常用。

(3) 用指向结构体的指针作为函数参数:实质是传递一个结构体的地址。

四、实验内容

1. 声明一个表示时间的结构体,可以精确表示年、月、日、小时、分、秒;提示用户输入年、月、日、小时、分、秒的值,然后完整地显示出来。

分析:按照结构体声明的语法定义一个表示时间(time)的结构体,结构体成员包含:年(year)、月(month)、日(day)、小时(hour)、分(minute)、秒(second)。然后使用"."运算符访问结构体变量的具体成员,进行数据的输入和输出。

2. 在屏幕上模拟动态显示一个数字式时钟。

分析：按照结构体声明的语法定义一个表示时钟（clock）的结构体，结构体成员包含：小时（hour）、分（minute）、秒（second）。子函数分析如下：

（1）时钟时间的更新函数 Update()，函数参数可以设为结构体变量，也可以设为指向结构体变量的指针。注意：参数不同则结构体变量的成员访问方式也不一样。具体算法：若 second 值为 60，表示已过一分钟，second 加 1；若 minute 值为 60，表示已过 1 小时，则 hour 加 1；若 hour 值为 24，则 hour 值从 0 开始计时。

（2）时间显示函数 Display()。函数参数可以设为结构体变量，也可以设为指向结构体变量的指针。

（3）延迟函数 Delay()。这里建议采用 1 秒的延迟，若延迟时间太长则显得时钟走得太慢，若太短则显得时钟走得太快，仿佛没有停顿。

3. 模拟洗牌和发牌过程。一副扑克有 52 张牌，分为 4 种花色（Suit）：黑桃（Spades）、红桃（Hearts）、梅花（Clubs）、方块（Diamonds）。每种花色又有 13 种牌面：A，2，3，4，5，6，7，8，9，10，Jack，Queen，King。编程实现洗牌和发牌的过程。

模拟洗牌和发牌过程总体分析：

（1）显示每一张牌由两个元素组成：花色、牌面，因此设计一个结构体 CARD 表示一张牌：

```
struct CARD
{
    char suit[10];
    char face[10];
}
```

（2）每张牌的两个元素分别用字符数组来表示。

（3）完成发牌的过程意味着将 52 张牌按照随机顺序存放。具体实现方法可采用以下 3 种：

方法 1：设计一个由 52 个元素组成的数组 int result[52]，来存放纸牌的发放结果，result[0] 代表发的第一张牌，result[1] 代表发的第二张牌，…，result[51] 代表发的最后一张牌。用上面声明的结构体类型定义一个结构体数组变量 struct CARD card[52]；card[52] 代表 52 张牌，并对数组按照花色和牌面的顺序存放。例如：card[0] = {"Spades","A"}，card[1] = {"Spades","2"}，……运用 C 语言随机数生成函数，生成一个 0~51 的随机数并将其放在 result[0] 中，代表将 card[随机数] 作为第一张要发的牌。再重复生成 0~51 的随机数。注意：需要判断新出现的随机数以前是否出现过。

方法 2：用上面声明的结构体类型定义一个结构体数组变量 strut CARD card[52]，card[52] 代表 52 张牌，并对数组按照花色和牌面的顺序存放。用 for 循环结构循环排列 52 张牌，每次循环，程序都选择一个 0~51 的随机数 j，然后将数组中当前的 CARD 结构 card[i] 与随机选出的 j 所在的数组元素 card[j] 进行交换。循环通过一轮 52 次交换后就完成了洗牌过程。

方法 3：将方法 2 改进成子函数实现。

① 用子函数 FillCard() 实现将 52 张牌按黑、红、梅、方的花色顺序，牌面按 A~K 顺

序排列，其参数包含：表示不同花色和牌面的 52 张牌、表示指向牌面数值字符串的指针数组、表示指向花色字符串的指针数组。

② 用子函数 Shuffle( ) 实现将 52 张牌的顺序打乱，循环 52 次，每次生成一个 0～51 的随机数，并将当前的一张牌与所产生的随机数的那张牌进行交换，其参数包含：指向存放 52 张牌的结构体数组的指针。

③ 用子函数 Deal( ) 输出发牌结果，其参数为指向存放 52 张牌的结构体数组的指针。

五、思考题（上机验证下列各题）

1. 假设有：
    struct time
    {
        int hours;
        int minutes;
        int seconds;
    }t;
    struct time * tt;
    tt = &t;
    参照上面的声明，下面哪一项是正确的_____。
    A. tt. seconds   B. (* tt) . seconds   C. time. t   D. tt - > seconds

2. 下面程序的输出结果是_____。
    struct gosal
    {
        int num;
        char mess1[40];
        char mess2[40];
    } m1 = {2,"如果您认真学习","一定有所收获"};
    void main( )
    {
        struct gosal   m2,m3;
        m2 = m1;
        m3 = m1;
        printf("%d %s %s \n",m1. num,m2. mess1,m3. mess2);
    }

3. 以下程序运行后的结果是_____。
    struct s
    {
        int n;

```
        int a[20];
    };
    void f(int * a,int n)
    {
        int i;
        for(i = 0; i < n - 1; i ++ )
            a[i] += i;
    }
    void main( )
    {
        int i;
        struct s s1 = {10,{2,3,1,6,8,7,5,4,10,9}};
        f(s1.a,s1.n);
        for(i = 0; i < s1.n; i ++ )
            printf("%d,",s1.a[i]);
    }
```
4. 设：struct DATE{
                    int year;
                    int month;
                    int day;
                };
   请写出一条定义语句，为该结构体变量赋值_____。
5. 判断下面的叙述是否正确_____。
A. 所有的结构成员存储在连续的内存单元
B. 数组应该用来存储不相同的元素，而结构应存储相同的元素
C. 在结构数组中，不但所有的结构存储在连续的内存单元，而且单个结构的成员也同样存储在连续的内存单元
D. 结构体成员所占的内存字节数相同

实验八

C 程序中的字符串处理

一、实验目的

1. 理解字符与字符串的区别。
2. 掌握字符数组与字符串的关系。
3. 掌握字符数组与字符指针的用法。
4. 熟练运用 C 语言中字符串处理函数。

二、实验环境

1. Windows XP/7 操作系统。
2. Visual Studio 2008 软件。

三、相关知识

1. 字符与字符串使用时的区别。
（1）字符使用单引号，除非用"\"开头的转义字符，单引号内有且仅有一个字符。
（2）字符串使用双引号，双引号内可以有 0 个或多个字符，也是 C 语言中除注释外，唯一可以出现中文的地方。
（3）C 语言中的字符串是以 ′\0′ 为结束标志。
（4）C 语言中的字符使用 char 来表示其类型并采用 ASCII 码编码方式，但 C 语言并没有为字符串提供任何专门的表示法，完全使用字符数组和字符指针来处理。

示例 1：字符和字符串的定义。
void main( )

```
    char ch = 'a';
    char s[20] = "I am string";
    printf("I am a char %c,%s\n",ch,s);
}
```

示例2：字符数组结束标志\0的用法。
```
void main( )
{
    char name[ ] = "Milkygrain";
    int i = 0;
    while(name[i] != '\0')
    {
        printf("%c",name[i]);
        i++;
    }
}
```

程序输出结果为：Milkygrain。

2. 字符数组与字符串的关系。

（1）字符数组：每个元素都是字符类型的数组。

（2）字符数组的定义和初始化。

定义：char 数组名 [size]; //若定义时初始化，则size可不写出，否则给出其值。

方法1：逐个字符赋初值。

例如：char ch [5] = {'H','e','l','l','o'};

内存分配简图：

H	e	l	l	o
ch[0]	ch[1]	ch[2]	ch[3]	ch[4]

方法2：字符串常量赋初值。

例如：char ch[6] = {"Hello"};
　　　char ch[6] = "Hello";
　　　char ch[ ] = "Hello";

内存分配简图：

H	e	l	l	o	\0
ch[0]	ch[1]	ch[2]	ch[3]	ch[4]	ch[5]

注意：

① 一个字符型的一维数组并不一定是一个字符串，只有当字符型一维数组中的最后一个元素为'\0'，它才构成字符串。

② 采用字符串常量赋值时，为了用字符数组来存储长度为N的字符串，数组长度

至少为 N+1，其中前 N 个元素存放字符串的实际字符，最后一个元素存放字符串结束标志 \0。

3. 字符数组的输入/输出。

(1) 按 c 格式符（%c）逐个字符单独输入/输出，需要使用循环结构。

例如：char str[10];int i;
   for(i=0;i<10;i++)
    scanf("%c",&str[i]);//采用下标法

对于字符串输出操作，注意循环判断条件应当为 str[i] 是否为'\0'。

(2) 按 s 格式符（%s）将字符串作为一个整体输入/输出。

例如：字符串输入用:scanf("%s",str);
   字符串输出用:printf("%s",str);

注意：

① 字符数组名本身代表该数组存放的字符串的首地址，故用 scanf 的%s 格式输入字符串时，字符数组名的前面不能再加取地址运算符 &，其后也不需要用方括号指明下标。

② 输入字符串时应确保输入的字符串长度不超过数组所能容纳的空间大小。

③ 空格、回车或跳格符（Tab）作为按%s 格式输入字符串的分隔符，因而不能被读入，输入遇到这些字符时，系统认为字符串输入结束。

(3) 用字符串处理函数 gets( ) 或 puts( ) 输入/输出一个字符串。

例如：字符串输入用： gets(str);
   字符串输出用： puts(str);

4. 字符串处理函数。C 语言在 <string.h> 中定义了若干专门的字符串处理函数。

(1) 字符串复制 strcpy(字符数组1,字符串2)。

(2) 求字符串长度 strlen(字符串);注意：回字符串的实际长度，不包括'\0'。

(3) 字符串连接 strcat(字符数组1,字符串2);结果存放在字符数组1中。

(4) 字符串比较 strcmp(字符串1,字符串2)。

示例3：strcpy( )函数的应用。

```
#include <string.h>
void main( )
{
    char source[ ] = "C Language";
    char target[20];
    strcpy(target,source);
    printf("source string:%s \n",source);
    printf("target string:%s \n",target);
}
```

5. 字符指针。字符指针是指向字符型数据的指针变量，其定义为：char * ptr = "gduf";它表示定义一个字符指针 ptr，并在定义时用字符串"gduf"在内存中的首地址为指针变量 ptr 赋初值。这里不能理解为将字符串赋值给 ptr，ptr 是个指针变量，只能将一个地址值赋给它。

对于字符指针,通过键盘输入字符串时,必须确保字符指针事先已经指向一个数组的首地址。如:

```
char str[10], * ptr;
ptr = str;
scanf("%s", ptr);
```

示例4:字符指针赋值。

```
void main()
{
    char str1[] = "hello";
    char str2[10];

    char * s = "Good evening!";
    char * q;
    str2 = str1 ;// 错误
    q = s;
    printf("%s\n", q);
}
```

6. 二维字符数组和字符串指针数组。

示例5:查找你的名字是否在字符数组中(二维字符数组实现)。

```
#include <string.h>
#define FOUND 1
#define NOTFOUND 0
void main()
{
    char NameList[][10] = 
        {"NumOne", "NumTwo", "NumThree", "NumFour", "NumFive", "NumSix"};
    int i, flag, a;
    char yourname[10];
    printf("请输入你的名字:");
    scanf("%s", yourname);

    flag = NOTFOUND;
    for(i = 0; i <= 5; i ++ )
    {
        a = strcmp(&NameList[i][0], yourname);
        if (a == 0)// 匹配
        {
            printf("欢迎%s 的光临!", yourname);
            flag = FOUND;
```

```
            break;
        }
    }
    if (flag == NOTFOUND)
        printf("对不起,没有邀请你参加!");
}
```

下面是程序的 2 次运行结果：
请输入你的名字：Num
对不起，没有邀请你参加！
请输入你的名字：NumOne
欢迎 NumOne 的光临！

上述程序中，数组定义中下标的顺序很重要，第一个下标给出了数组中名字的个数，第二个下标给出了数组中每个名字的长度。

示例 6：字符串指针数组的用法。

```
#include <string.h>
void main()
{
    char * name[] =
        {"NumOne","NumTwo","NumThree","NumFour","NumFive","NumSix"};
    char * t;
    printf("原始名字:%s,%s\n",name[2],name[3]);
    t = name[2];
    name[2] = name[3];
    name[3] = t;
    printf("新的名字:%s,%s\n",name[2],name[3]);
}
```

四、实验内容

1. 编写程序：从键盘输入一行字符，统计其中单词个数。假设单词之间是以空格分开。

分析：判断单词是否出现的方法——当前被检验字符不是空格，而前一被检验字符是空格，则表示有新单词出现。

2. 编写一个函数：实现将字符串逆序输出的功能。要求输入/输出均在 main 函数中实现。

分析：可以用两种方法实现：

① 用一个数组存放原始字符串，用另一个数组存放逆序的字符串。

② 用一个数组实现原始和逆序存放。借助一个中间变量，将数组中首尾对称位置的元素互换。例如，i 指向数组首部的元素，从 0 依次加 1 变化；j 指向数组尾部的元素，从 n-1 依

次减 1 变化；当变化到 i > j 时结束元素互换操作。

3. 从键盘输入两个字符串 str1 和 str2，然后：

① 分别求输出两个字符串的长度；

② 比较两个字符串的大小，若相等则输出"二者相等"，否则输出其中较大者；

③ 将 str1 连接到 str2 后输出结果；

④ 将 str2 复制到 str1 后输出结果。

分析：利用 C 语言在 < string. h > 中定义的字符串处理函数实现。例如：字符串复制 strcpy(字符数组 1，字符串 2)；求字符串长度 strlen(字符串)；字符串连接 strcat(字符数组 1，字符串 2)；结果存放在字符数组 1 中。字符串比较 strcmp(字符串 1，字符串 2)。

4. 计算字符串中子串出现的次数。

要求：从键盘输入两个字符串，编程求出第二个字符串在第一个字符串中出现的次数，即在第一个字符串中有几个第二个字符串。

分析：设置一个计数器，将第二个字符串与第一个字符串比较，若在第一个字符串中出现一次计数器就加 1

5. 给出一个字符指针 *strSrc 包含足够长的字符（长度不应小于 30，最大长度可考虑 80）。从键盘输入一个字符串 strObj，长度不定。编写一个程序，该程序能够在字符指针 *strSrc 中查找从键盘输入的字符串是否在字符指针 *strSrc 所指向的字符串中出现，如果出现，打印出现字符的下标位置，如果没有出现则给出没有找到的提示。程序应使用循环实现多次输入，当用户输入###时，程序退出。

例如：char * strSrc = "This is a test of c program!"。

从键盘输入：china，给出提示没有找到。

从键盘输入：T，给出下标 0。

从键盘输入：is，给出下标 5。

从键盘输入：###，程序退出。

分析：字符数组的数组名是一个地址常量，其值不能改变，而字符指针是一个变量，它的值是可以改变的。

例如：数组名 str 指向字符串"gduf"的首地址，则可以通过 *(str + i) 来引用字符串中的第 i+1 个字符，即数组中下标为 i 的元素 str[i]，但是不能试图通过 str++ 操作来使 str 指向字符串中的某个字符。如果字符指针 ptr 指向字符串"gduf"的首地址，不但可以通过 *(ptr + i) 来引用字符串中的第 i+1 个字符，而且还可以通过 ptr++ 操作，即移动指针 ptr 来使 ptr 指向字符串中的某个字符。例如：下面语句的作用是：依次输出字符串指针 ptr 所指向的字符串（假设已存于字符数组 str 中）中的每一个字符。

```
for( ptr = str； * ptr ! = '\0'； ptr ++ )
    {
        printf( "% c", * ptr)；
    }
```

本题中要用到循环语句：while(*(strSrc +i) ! = '\0')、while(*(strObj +j)! = '\0')，if 语句：

if(* strSrc +i) == * (strObj + j)),if(*(srcObj + j) =='\0')

五、思考题（上机验证下列各题）

1. 写出下列程序的输出结果_____。
   ```
   #include <stdio.h>
   void main()
   {
       char c[2] = "A";
       printf("%c\n",c[0]);
       printf("%s\n",c);
   }
   ```

2. 以下程序的输出结果是_____。
   ```
   int fun(char p[][10])
   {
       int n=0,i;
       for(i=0; i<7; i++)
           if(p[i][0] == 'T')
               n++;
       return n;
   }
   void main()
   {
       char str[][10] = {"Mon","Tue","Wed","Thu","Fri","Sat","Sun"};
       printf("%d\n",fun(str));
   }
   ```

3. 以下程序运行后的输出结果是_____。
   ```
   #include <string.h>
   void main()
   {
       char p[20] = {'a','b','c','d'}, q[] = "abc", r[] = "abcde";
       strcat(p,r);
       strcpy(p+strlen(q),q);
       printf("%d\n",strlen(p));
   }
   ```

4. 以下程序段中，不能正确赋字符串（编译时系统提示错误）的是_____。
   A. char s[10] = "abcedfg";   B. char t[] = "abcdefg", *s = t;
   B. char s[10]; s = "abcedfg";   D. char s[10]; strcpy(s,"abcdefg");

5. 以下程序的输出结果是_____。
```c
#include <stdio.h>
#include <string.h>
char * fun(char * t)
{
    char * p = t;
    return (p + strlen(t))/2;
}
void main()
{
    char * str = "gdufeducn";
    str = fun(str);
    puts(str);
}
```

实验九

C 程序中的文件处理

一、实验目的

1. 掌握文件和文件指针的概念以及文件的定义方法。
2. 学会使用文件打开、关闭、读、写等文件操作函数。

二、实验环境

1. Windows XP/7 操作系统。
2. Visual Studio 2008 软件。

三、相关知识

1. 文件。
（1）一般指存储在外部介质上具有名字（文件名）的一组相关数据的集合。
（2）用文件可长期保存数据，并实现数据共享。
（3）程序中的文件：在程序运行时由程序在磁盘上建立一个文件，并通过写操作将数据存入该文件；或由程序打开磁盘上的某个已有文件，并通过读操作将文件中的数据读入内存供程序使用。
（4）文件的存放：可以建立若干目录（文件夹），在目录里保存文件，同一级目录里保存的文件不能同名。
2. 文件类型指针。
（1）在"stdio.h"中定义的文件相关的结构体类型 FILE。
（2）文件类型指针变量的定义：
    FILE *fp;　　// fp 是一个指向 FILE 类型的指针变量。

（3）通过指向 FILE 类型的指针变量（如 fp）可以访问与它相关的文件。

3. 与文件相关的操作函数。由 ANSI C 提供的函数及功能见表 9-1。

表 9-1　　　　　　　　　　　　文件操作函数

读写方式	函　数	功　能
文件打开	FILE *fopen（const char *filename, const char *mode）;	mode 为文件打开方式，取值可以为"r"（只读），"w"（只写），"a"（只写，并向文件尾添加数据），"+"（可与 r、w、a 组合），"b"（可与 r、w、a 组合，表示以二进制方式打开文件）
文件关闭	int fclose（FILE *fp）;	关闭已经打开的文件 fp
字符读/写	int fgetc（FILE *fp）;	从 fp 读出一个字符并返回，若读到文件尾，则返回 EOF
	int fputc（int c, FILE *fp）;	向 fp 输出字符 c，若写入错误，则返回 EOF，否则返回 c
字符串读/写	char *fgets（char *s, int n, FILE *fp）;	从 fp 读入字符串，存入 s，最多读 n-1 个字符。当读到换行回车符、文件末尾或读满 n-1 个字符时函数返回，且在字符串末添加'\0'
	int fputs（const char *s, FILE *fp）;	将字符串 s 输出到 fp
格式化读/写	int fscanf（FILE *fp, const char *format, ……）;	从 fp 读入数据，其余参数与 scanf 相同
	int fprintf（FILE *fp, const char *format, ……）;	向 fp 写数据，其余参数与 printf 相同
按数据块读/写	unsigned fread（void *ptr, unsigned size, unsigned nmemb, FILE *fp）;	从 fp 读数据块到 ptr，size 是每个数据块的大小，nmemb 是最多允许写的数据块个数，返回实际读到的数据块个数
	Unsigned fwrite（const void *ptr, unsigned size, unsigned nmemb, FILE *fp）;	把 ptr 指向的数据块写入 fp
文件定位	int fseek（FILE *fp, long offset, int fromwhere）;	把 fp 的位置指针从 fromwhere 开始移动 offset 个字节。Fromwhere 的值为 SEEK_CUR, SEEK_END, SEEK_SET
	int ftell（FILE *fp）;	返回 fp 的当前位置指针
	int rewind（FILE *fp）;	让 fp 的位置指针指向文件首字节
判断文件是否结束	int feof（FILE *fp）;	当文件位置指针指向 fp 末尾时，返回非 0 值，否则返回 0

示例 1：从文件中读取数据，并统计文件中的字符个数、空格字符个数、制表符个数及换行符个数。

```
#include <stdio.h>
void main()
{
    FILE *fp;
    char ch;
    int nol=0,not=0,nob=0,noc=0;
    fp=fopen("PR1.c","r");
    while(1)
```

```
        }
            ch = fgetc(fp);
            if ( ch == EOF)
                break;
            noc ++ ;
            if( ch == ' ')
                nob ++ ;
            if( ch == '\n.')
                nol ++ ;
            if( ch == '\t')
                not ++ ;
    }
    fclose(fp);
    printf("字符个数:%d,空格个数:%d,制表符个数%d,换行符个数%d \n",noc,nob,not,nol);
}
```

上述程序以只读模式打开，然后逐个读取字符。

示例2：利用函数 fputs 将字符串写入文件中。

```
#include <stdio.h>
#include <stdlib.h>
#include <string.h>
void main()
{
    FILE * fp;
    char s[80];
    fp = fopen("ST.txt","w");
    if( fp == NULL)
    {
        puts("不能打开文件!");
        exit(1);
    }
    printf("请输入一行字符:");
    while( strlen(gets(s)) >0)
    {
        fputs(s,fp);
        fput("\n",fp);
    }
    fclose(fp);
}
```

上述程序运行时，每个字符串都以按回车键作为结束。若要结束程序的执行，在一行的开始直接按回车键即可。在字符串的后面加上一个换行符,以方便文件的读取。

示例3:从磁盘文件中读取字符串。

```c
#include <stdio.h>
#include <stdlib.h>
void main()
{
    FILE * fp;
    char s[80];
    fp = fopen("wz.txt","r");
    if (fp == NULL)
    {
        puts("不能打开文件");
        exit(1);
    }
    while(fgets(s,79,fp)! = NULL)
        printf("%s\n",s);
    fclose(fp);
}
```

fgets 函数有三个参数,第一个是字符串的存储地址,第二个是读取字符串的最大长度,第三个是指向 FILE 结果的指针。

示例4:将记录写入文件。

```c
#include <stdio.h>
#include <stdlib.h>
struct EMP
{
    char name[20];
    int age;
    float bs;
};
void main()
{
    FILE * fp;
    char an = 'Y';
    struct EMP emp;
    fp = fopen("EMP.dat","wb");
    if(fp == NULL)
    {
        puts("不能打开文件");
        exit(1);
```

```
        }
        while(an == 'Y')
        {
            printf("请输入姓名,年龄和薪水:");
            scanf("%s %d %f",emp.name,&emp.age,&emp.bs);
            fwrite(&emp,sizeof(emp),1,fp);
            printf("需要再增加记录吗?(Y/N)");
            fflush(stdin);
            an = getche();
        }
        fclose(fp);
}
```

示例5:从文件中读取记录。

```
#include <stdio.h>
#include <stdlib.h>
struct EMP
{
    char name[20];
    int age;
    float bs;
};
void main()
{
    FILE * fp;
    struct EMP emp;
    fp = fopen("EMP.dat","rb");
    if(fp == NULL)
    {
        puts("不能打开文件");
        exit(1);
    }
    while(fread(&emp,sizeof(emp),1,fp) == 1)
    {
        printf("%s %d %f",emp.name,emp.age,emp.bs);
    }
    fclose(fp);
}
```

四、实验内容

1. 从键盘输入一行字符，写入一个已存在的文件，再把该文件内容读出显示在屏幕上。

分析：先在磁盘上建立一个文本文件并命名，然后使用 fopen 函数打开该文件。判断字符串是否结束应该使用当前字符是否为'\n'，判断文件结束应该使用当前字符是否等于 EOF。文件使用结束时要使用 fclose 函数关闭已打开的文件。

2. 文件的复制。根据程序提示从键盘输入一个已存在的文本文件和完整文件名，再输入一个新的文本文件的完整文件名，然后将已存在的文本文件中的内容全部复制到新的文件中。

分析：可以用两种方法实现：建议使用子函数完成。拷贝函数 CopyFile 的参数为两个文本文件的名字，首先以只读当时打开源文件，以只写方式打开目标文件，然后完成文件的复制，复制过程采用循环结构，循环判断条件为源文件是否结束（当前字符是否为 EOF），若没有结束，则执行循环体，即将源文件的字符写入目标文件。文件拷贝完成后还需确保存盘，可使用函数 fflush（指向目标文件的指针）实现。

3. 文件的追加。根据程序提示从键盘输入一个已存在的文本文件和完整文件名，再输入另一个文本文件的完整文件名，然后将第二个文本文件的内容追加到第一个文本文件的原内容之后。

分析：建议使用子函数完成。方法与第 2 题雷同，只是目标文件要以追加方式打开。

第二部分 综合实验

银行存款金额大小写转换

一、实验目的

1. 进一步提高分析问题和解决问题的能力。
2. 综合应用数组、函数、指针来解决实际问题。

二、实验环境

1. Windows XP/2000 操作系统。
2. Microsoft Visual C++6.0 软件。

三、相关知识

1. 字符串复制 strcpy。

函数原型：char *strcpy(char *dest,char *src)

函数说明：把 src 所指由 NULL 结束的字符串复制到 dest 所指的数组中。其中，src 和 dest 所致内存区域不可重叠且 dest 必须有足够的空间来容纳 src 的字符串。返回值：返回指向 dest 的指针。

2. 字符串连接函数 strcat。

函数原型：char *strcat(char *dest,char *src)

函数说明：把 src 所指字符串添加到 dest 结尾处（覆盖 dest 结尾处的'\0'）并添加'\0'

3. 不忽略大小写比较函数 strcmp。

函数原型：int strcmp(char *str1,char *str2);

函数说明：通过比较字符串中各个字符的 ASCII 码，来比较参数 Str1 和 Str2 字符串，比较时考虑字符的大小写。

4. 字符串长度函数 strlen()。

函数原型：int strlen(char s[ ])

功能：计算字符指针 s（字符数组名）所指向的字符串的长度不含字符串结束标志'\0'），返回整型长度值。

四、实验内容

在金融业务处理系统中，经常要将小写金额转成大写金额。按照会计制度，金额大小写转换除阿拉伯数字转换成对应汉字外。还要对连续多个数码"0"和末尾是否加"整"字进行处理。

本实验要求编写一个能实现上述功能的程序。将用户输入的阿拉伯数字小写金额转换成相应的汉字大写金额。

五、实验步骤

1. 分析问题，提炼出算法并验证。
2. 根据算法编写 C 语言源程序。
3. 编译并调试源程序。
4. 连接并运行程序。
5. 分析程序结果并判断对错。

六、实验分析

首先将小写数字结构作如下分析,如图 9-1 所示:

```
1 2 3 4  5 6 7 8  9 0 1 2 . 1 2
仟佰拾个  仟佰拾个  仟佰拾个
 亿        万        元    角分
```

图 9-1 数字结构分析

由图 9-1 可以发现整数部分是每隔 4 个数字,量词"仟佰拾个"就重复一次,处理时只需在不同位置加上"亿"或"万"字。同时按照会计制度对连续的数字"0"当作一个"0"处理,小数到角的后面加"整"字,到分的不加"整"字。

程序代码如下:

```c
#include <stdio.h>
#include <stdlib.h>
#include <string.h>
#define N 30
void rmb_units(int k);      /* 人民币货币单位中文大写输出 */
void big_write_num(int l);  /* 阿拉伯数字中文大写输出 */
void time_print(void);
int main()
{
    char c[N], *p;
    //len_integer 整数部分长度,len_decimal 小数部分长度
    int a, i, j, len, len_integer = 0, len_decimal = 0;
    printf("-------------------------------*-------------------------------\n");
    printf(" *****|------ * 本程序将阿拉伯数字小写金额转换成中文大写金额!*------|***** \n");
    printf("-------------------------------*-------------------------------\n\n");
    printf("please input(阿拉伯数字小写金额):¥");
    scanf("%s", c);
    printf("\n\n");
    p = c;
    len = strlen(p);
    /* 求出整数部分的长度 */
    for(i = 0; i <= len-1 && *(p+i) <= '9' && *(p+i) >= '0'; i++);
    {
        if(*(p+i) == '.' || *(p+i) == '\0')   // *(p+i) == '\0'没小数点的情况
```

```
        len_integer = i;
    else
    {
        printf(" \n \n!!!!……………# Error：输入有错误,整数部分含有错误的字符!
                ……………!!!! \n\n");
        system("pause");
        exit(EXIT_FAILURE);
    }
    if(len_integer > 13)
    {
        printf("! ……………… 超 过 范 围, 最 大 万 亿! 整 数 部 分 最 多 位! 程 序 暂 停!
                ………………! \n");
        system("pause");
        printf("\n! ……………… 程序继续执行,注意:超过万亿部分只是简单读出数字的中
文大写! ……………! \n\n");
    }
    printf(" \n ================================= 转换开始! ===
================================ \n\n");
    printf(" ￥%s 的中文大写金额如下所示:\n\n 人民币/RMB",c);
    /*转换整数部分*/
    for(i = 0;i < len_integer;i ++)
    {
        a = *(p + i) - '0';
        if(a == 0)
        {
            if(i == 0)
            {
                if(*(p+1)! = '.' && *(p+1)! = '\0' && *(p+1)! = '0')
                {
                    printf(" \n\n! ……………… 输入有错误! 第一位之后整数部分有非
                            字符,请检查! …… = ………! \n\n");
                    system("pause");
                    printf("\n! ……………… 程序继续执行,注意:整数部分的剩下部分
                            将被忽略! ………………! \n\n");
                }
                printf("零圆");
                break;    //若第一个是则忽略其他整数部分
            }
            else if(*(p + i + 1)! = '0' && i! = len_integer - 5 && i! = len_integer - 1 &&i!
```

```
            = len_integer – 9)        //圆、万、亿位为时选择不加零
        {
                printf("零");
                continue;
        }
        else if( i == len_integer – 1 || i == len_integer – 5 || i == len_integer – 9)//圆万
亿单位不能掉
        {
                rmb_units(len_integer + 1 – i);
                continue;
        }
        else
                continue;
        big_write_num(a);                   //阿拉伯数字中文大写输出
        rmb_units(len_integer + 1 – i);     //人民币货币单位中文大写输出
}
/*求出小数部分的长度*/
len_decimal = len-len_integer – 1;
if(len_decimal < 0)
{
        len_decimal = 0;
        printf("整");     //或正
}
if(len_decimal > 2)      //只取两位小数
        len_decimal = 2;
//printf("%d----%d----%d\n",len,len_integer,len_decimal);
p = c;
/*转换小数部分*/
for(j = 0;j < len_decimal;j ++ )
{
        a = * ( p + len_integer + 1 + j) – '0';   //定位到小数部分,等价于
        a = * ( p + len – len_decimal + j) – '0';
        if(a < 0 || a > 9)
        {
                printf(" \n\n!!!!------# Error：输入有错误,小数部分含有错误的字符!
------!!!!\n\n");
                system("pause");
                exit(EXIT_FAILURE);
        }
```

```
                    if(a==0)
                    {
                        if(j+1 < len_decimal)
                        {
                            if(*(p+len_integer+j+2)!='0')
                                printf("零");
                            else
                            {
                                printf("整");
                                break;
                            }
                        }
                        continue;
                    }
                    big_write_num(a);
                    rmb_units(1-j);
            }
            printf("\n\n");
            printf("================================转换完成!=====
============================\n\n");
            system("pause");
    }
}
/*人民币货币单位中文大写输出*/
void rmb_units(int k)
{
    //相当于 const char rmb_units[] = "fjysbqwsbqisbqw";
    //"分角圆拾佰仟万拾佰仟亿拾佰仟万";
    switch(k)
    {
        case 3:
        case 7:
        case 11:
            printf("拾");
            break;
        case 4:
        case 8:
        case 12:
            printf("佰");
```

```
            break;
        case 5:
        case 9:
        case 13:
            printf("仟");
            break;
        case 6:
        case 14:
            printf("万");
            break;
        case 10:
            printf("亿");
            break;
        case 2:
            printf("圆");
            break;
        case 1:
            printf("角");
            break;
        case 0:
            printf("分");
            break;
        default:
            break;
        }
}
/*阿拉伯数字中文大写输出*/
void big_write_num(int 1)
{
//相当于 const char big_write_num[ ] = "0123456789";
//"零壹贰叁肆伍陆柒捌玖"
switch(1)
{
    case 0:
      printf("零");
      break;
    case 1:
      printf("壹");
      break;
```

```
            case 2：
              printf("贰")；
              break；
            case 3：
              printf("叁")；
              break；
            case 4：
              printf("肆")；
              break；
            case 5：
                printf("伍")；
                break；
            case 6：
              printf("陆")；
              break；
            case 7：
                printf("柒")；
                break；
            case 8：
                printf("捌")；
                break；
            case 9：
              printf("玖")；
                break；
            default：
                break；
        }
    }
```

七、实验报告

实验结束后，需要整理并书写实验报告，实验报告格式见附录D，其内容包括：
1. 实验题目。
2. 实验内容。
3. 写出程序源代码。
4. 写出程序运行结果。
5. 对实验结果进行分析、总结。

实验十一

数组、函数和指针的综合应用

一、实验目的

1. 进一步提高分析问题和解决问题的能力。
2. 综合应用数组、函数、指针来解决实际问题。

二、实验环境

1. Windows XP/2000 操作系统。
2. Microsoft Visual C++6.0 软件。

三、相关知识

分别参见数组、函数、指针部分实验相关知识。

四、实验内容

1. 学生成绩统计。按学号顺序从键盘输入某班（人数不超过40人）学生某门课的成绩，分别用函数实现下列功能：
   （1）统计不及格人数并打印不及格学生的学号。
   （2）统计各分数段的学生人数及所占的百分比。
   （3）要求用一维数组和指针变量作为函数参数，打印最高分及其学号。
2. 学生成绩排名。某班（人数不超过40人）期末考试科目有数学（Math）、英语（English）和政治（Politics），分别用函数实现下列功能：

(1) 计算每个学生的总分。
(2) 按总分成绩由高到低排序。
(3) 打印出名次表,表格内包含学号、各科分数、总分。

五、实验步骤

1. 分析问题,提炼出算法并验证。
2. 根据算法编写 C 语言源程序。
3. 编译并调试源程序。
4. 连接并运行程序。
5. 分析程序结果并判断对错。

六、实验分析

1. 学生成绩统计。需要声明两个一维数组分别用来存放学号和成绩。

(1) 设置一个计数器,当某学生的成绩 <60 时,计数器就加 1,并输出该学生的学号和成绩。

(2) 将成绩分为 6 个分数段,[0,59] 为第 0 段,[60,69] 为第 1 段,[70,79] 为第 2 段,[80,89] 为第 3 段,[90,99] 为第 4 段,100 分为第 5 段,因此成绩与分数段的对应关系为:

$$分数段 \begin{cases} 0 & 成绩 < 60 \\ (成绩-50)/10 & 成绩 \geqslant 60 \end{cases}$$

再声明一个数组用来保存各分数段学生的人数,对于每个学生的成绩,先计算出该成绩所对应的分数段,然后将相应的分数段的人数加 1。

(3) 函数参数包括学号、分数、存放求出来的最高分学生的学号(设为指针),函数的返回值为最高分。循环比较学生的成绩,记录最高分及其学号。

2. 学生成绩排名。声明一个二维数组来存放每个学生各门课程的成绩,一个一维数组存放每个学生的学号,一个一维数组存放每个学生的总分。

(1) 循环计算每个学生的总分。

(2) 函数的参数可以包括:存放学号的数组、存放成绩的数组、学生人数、存放总分的数组,由于该函数计算的结果不止一个,所以函数采用无返回值。函数实现过程中注意:排序时,总分的变化应连同存放成绩的二维数组及学号一起变化。

(3) 应用指标格式输出相应表格。

程序代码如下:

1. 代码

```
#include    <stdio.h>
```

```c
#define ARR_SIZE 40
int ReadScore(long num[],float score[]);
int GetFail(long num[],float score[],int n);
void GetDetail(float score[],int n);
float FindMax(float score[],long num[],int n,long *pMaxNum);
main()
{
    int n,i,fail;
    float score[ARR_SIZE],maxScore;
    long num[ARR_SIZE],maxNum;

    printf("Please enter total number:");
    scanf("%d",&n);          //从键盘输入学生人数n

    printf("Please enter the number and score:\n");
    for(i=0;i<n;i++)    //输入学生的学号和成绩
    {
        scanf("%ld%f",&num[i],&score[i]);
    }
    printf("Total students:%d\n",n);//统计有多少个学生

    fail = GetFail(num,score,n);//统计不及格人数及学号
    printf("Fail students = %d\n",fail);

    GetDetail(score,n);//统计各分数段的学生人数及所占的百分比

    maxScore = FindMax(score,num,n,&maxNum);    //计算最高分及该生学号

    printf("maxScore = %f,maxNum = %ld\n",maxScore,maxNum);
}

/* 函数功能：从键盘输入一个班学生某门课的成绩及其学号
             当输入成绩为负值时，输入结束
   函数参数：长整型数组 num，存放学生学号
             实型数组 score，存放学生成绩
   函数返回值：学生总数
*/
int ReadScore(long num[],float score[])
{
```

```
    int i = 0;

    scanf("%ld%f", &num[i], &score[i]);

    while (score[i] >= 0)
    {
        i++;
        scanf("%ld%f", &num[i], &score[i]);
    }
    return i;
}
```

/* 函数功能：统计不及格人数并打印不及格学生名单
   函数参数：长整型数组 num，存放学生学号
            实型数组 score，存放学生成绩
            整型变量 n，存放学生总数
   函数返回值：不及格人数
*/

```
int GetFail(long num[], float score[], int n)
{
    int i, count;

    printf("Fail:\nnumber----score\n");
    count = 0;
    for (i = 0; i < n; i++)
    {
        if (score[i] < 60)
        {
            printf("%ld--------%.0f\n", num[i], score[i]);
            count++;
        }
    }
    return count;
}
```

/* 函数功能：统计各分数段的学生人数及所占的百分比
   函数参数：实型数组 score，存放学生成绩
            整型变量 n，存放学生总数
   函数返回值：无
*/

```c
void GetDetail(float score[ ],int n)
{
    int i,j,stu[6];
    for (i=0;i<6;i++)
    {
        stu[i]=0;
    }
    for (i=0;i<n;i++)
    {
        if (score[i]<60)
        {
            j=0;
        }
        else
        {
            j=((int)score[i]-50)/10;
        }
        stu[j]++;
    }
    for (i=0;i<6;i++)
    {
        if (i == 0)
        {
            printf(" <60      %d    %.2f%%\n",stu[i],
                    (float)stu[i]/(float)n*100);
        }
        else if (i == 5)
        {
            printf("      %d    %d    %.2f%%\n",(i+5)*10,stu[i],
                    (float)stu[i]/(float)n*100);
        }
        else
        {
            printf("%d-%d    %d    %.2f%%\n",(i+5)*10,(i+5)*10+9,
                    stu[i],(float)stu[i]/(float)n*100);
        }
    }
}
```

```
/* 函数功能：计算最高分及最高分学生的学号
   函数参数：整型数组 score，存放学生的成绩
           长整型数组 num，存放学生的学号
           长整型指针变量 pMaxNum，存放求出来的最高分学生的学号
   函数返回值：最高分
*/
float FindMax(float score[ ],long num[ ],int n,long *pMaxNum)
{
    int i;
    float maxScore;
    maxScore = score[0];
    *pMaxNum = num[0];                    /* 假设 score[0]为最高分 */
    for (i = 1;i < n;i ++ )
    {
        if (score[i] > maxScore)
        {
            maxScore = score[i];          /* 记录最高分 */
            *pMaxNum = num[i];            /* 记录最高分学生的学号 num[i] */
        }
    }
    return (maxScore);                    /* 返回最高分 maxScore */
}
```

2. 代码

```
#include <stdio.h>
#define STU 40
#define COURSE 3
void Input(long num[ ],int score[ ][COURSE],int n);
void GetSum(int score[ ][COURSE],int n,int sum[ ]);
void Sort(long num[ ],int score[ ][COURSE],int n,int sum[ ]);
void Print(long num[ ],int score[ ][COURSE],int n,int sum[ ]);
int Search(long num[ ],int n,long x);
main( )
{
    int n,score[STU][COURSE],sum[STU],pos;
    long num[STU],x;

    printf("Please enter the total number of the students(n <=40):");
    scanf("%d",&n);          //输入参加考试的学生人数
```

```c
    printf("Enter No. and score as: Math English Politics\n");
    Input(num,score,n);              //输入学生成绩

    GetSum(score,n,sum);//计算总分和平均分
    printf("Before sort:\n");
    Print(num,score,n,sum);
    Sort(num,score,n,sum);           //排名次
    printf("After sort:\n");
    Print(num,score,n,sum);
    printf("Please enter searching number:");
    scanf("%ld",&x);                 //以长整型格式输入待查找学生的学号
    pos = Search(num,n,x);           //名次查询

    if (pos != -1)
    {
        printf("position: NO\tMath\tEnglis\tPolitics SUM\n");
        printf("%3d\t%4ld\t%4d\t%4d\t%4d\t%5d\n", pos+1, num[pos], score[pos][0], score[pos][1], score[pos][2], sum[pos]);
    }
    else
    {
        printf("Not found!\n");
    }
}

/* 函数功能: 输入某班学生期末考试三门课程成绩
   函数参数: 长整型数组 num, 存放学生学号
             整型数组 score, 存放学生成绩
             整型变量 n, 存放学生人数
   函数返回值: 无
*/
void Input(long num[], int score[][COURSE], int n)
{
    int i,j;
    for (i=0; i<n; i++)
    {
        scanf("%ld", &num[i]);
        for (j=0; j<COURSE; j++)
        {
```

```c
            scanf("%d",&score[i][j]);
        }
    }
}
/* 函数功能：计算每个学生的总分和平均分
   函数参数：整型数组 score，存放学生成绩
             整型变量 n，存放学生人数
             整型数组 sum，计算得到的每个学生的总分

   函数返回值：无
*/
void GetSum(int score[][COURSE],int n,int sum[])
{
    int i,j;
    for (i=0;i<n;i++)
    {
        sum[i]=0;
        for (j=0;j<COURSE;j++)
        {
            sum[i]=sum[i] + score[i][j];
        }
    }
}
/* 函数功能：按总分成绩由高到低排出成绩的名次
   函数参数：长整型数组 num，存放学生学号
             整型数组 score，存放学生成绩
             整型变量 n，存放学生人数
             整型数组 sum，存放每个学生的总分
             实型数组 aver，存放每个学生的平均分
   函数返回值：无
*/
void Sort(long num[],int score[][COURSE],int n,int sum[])
{
    int i,j,k,m;
    int temp1;
    long temp2;
    for (i=0;i<n-1;i++)
    {
        k=i;
```

```
            for ( j = i + 1 ; j < n ; j ++ )
            {
                   if ( sum[ j ] > sum[ k ] )   k = j;
            }
            if ( k ! = i )
            {
                   temp1 = sum[ k ] ;   sum[ k ] = sum[ i ] ; sum[ i ] = temp1 ;
                   temp2 = num[ k ] ;   num[ k ] = num[ i ] ; num[ i ] = temp2 ;
                   for ( m = 0 ; m < COURSE ; m ++ )
                   {
                          temp1 = score[ k ][ m ] ;
                          score[ k ][ m ] = score[ i ][ m ] ;
                          score[ i ][ m ] = temp1 ;
                   }
             }
        }
}
/* 函数功能：打印名次表，表格内包括学生编号、各科分数、总分和平均分
   函数参数：长整型数组 num，存放学生学号
                    整型数组 score，存放学生成绩
                    整型变量 n，存放学生人数
                    整型数组 sum，存放每个学生的总分
   函数返回值：无
*/
void Print( long num[ ] , int score[ ][ COURSE ] , int n , int sum[ ] )
{
    int i , j;
    printf( "NO\t| Math\tEnglish\tPolitic\t SUM\n" ) ;
    printf( "--------------------------------------------------\n" ) ;
    for ( i = 0 ; i < n ; i ++ )
    {
        printf( "%ld\t| " , num[ i ] ) ;
        for ( j = 0 ; j < COURSE ; j ++ )
        {
                printf( "%4d\t" , score[ i ][ j ] ) ;
        }
        printf( "%5d\n" , sum[ i ] ) ;
    }
}
```

```
/* 函数功能：在学号数组中顺序查找学生的学号
   函数参数：长整型数组 num，存放学生学号
            整型变量 n，存放学生人数
            长整型变量 x，存放待查找学生的学号
   函数返回值：找到时，返回学生学号在学号数组中的下标位置，否则返回值 -1
*/
int Search(long num[ ],int n,long x)
{
    int i;
    for (i=0;i<n;i++)
    {
        if (num[i] == x) return(i);
    }
    return (-1);
}
```

七、实验报告

实验结束后，需要整理并书写实验报告，实验报告格式见附录 D，其内容包括：
1. 实验题目。
2. 实验内容。
3. 写出程序源代码。
4. 写出程序运行结果。
5. 对实验结果进行分析、总结。

第三部分 课外实验

计算到期银行存款本息

一、实验内容

已知银行整存整取存款利率如表12-1所示,要求输入存钱本金和存款期限,求到期从银行得到的利息和本金之和。

表12-1 银行整存整取利率

项　　目	年利率(%)
三个月	1.71
半年	1.98
一年	2.25
二年	2.79
三年	3.33
五年	3.60

二、实验分析

银行整存整取存款利息计算公式：利息＝本金×年利率（百分数）×存款年数；本息＝本金＋利息。

可用 switch 语句编程实现，switch 语句为开关语句，后圆括号内表达式的值一般为整型、字符型或枚举类型，而且每个 case 后的"常量表达式"的类型应该与 switch 后括号内表达式类型一致。若 case 后面的语句省略不写，则表示它与后续 case 执行相同的语句。在执行完某个分支后，一般要用 break 语句跳出 switch 结构。

三、参考答案

```c
#include <math.h>
#include <stdio.h>
#include <stdlib.h>
main()
{
    float year;
    int year1;
    double principal,rate,deposit;//分别定义本金、年利率和本金与利息之和三个变量
    printf("please input principal and year:");
    scanf("%lf,%f",&principal,&year);//本金和存款年限，输入时本金和存款年限中间用逗号隔开。
    year1 = (int)(year*10);
    switch(year1)
    {
        case 3:
            rate = 0.0171;
            break;
        case 6:
            rate = 0.0198;
            break;
        case 10:
            rate = 0.0225;
            break;
        case 20:
            rate = 0.0279;
```

```
            break;
        case 30:
            rate = 0.0333;
            break;
        case 50:
            rate = 0.0360;
            break;
        default:
            printf("No this kind of rate:\n");
            exit(0);
    }
    deposit = principal * pow(1 + rate, year);
    printf("本金%0.2lf 存%0.1f 年的本息之和为%0.2lf.\n", principal, year, deposit);
}
```

实验十三

简单计算器

一、实验内容

编写一个简单的计算器程序，允许用户从一个操作菜单中选择进行实数计算的 +、-、*或/，接着输入两个操作数，然后计算所选操作应用到这两个操作数的结果，这个过程可以反复进行。

二、实验分析

在 while 循环语句的循环体中，如果没有能够将条件改变为假的操作，将导致死循环。本题 while（1）循环条件始终为真，只有设置一个标志，例如字符"?"，判断输入是否为"?"时，利用 exit（0）函数或 break 语句，可退出循环语句。exit（）的作用是中止整个程序的执行，强制返回操作系统。调用该函数需要嵌入头文件 < stdlib. h >。

本程序中，由于操作数是用户输入的原始数据，不存在计算误差，当用一个操作数 op2 与 0 进行比较时，可以用 op2 ==0 代替。若操作数 op2 是经过计算得到的浮点数，而绝大多数计算机中表示的浮点数都只是它们在数学上表示的数据的近似值，此时 op2 与 0 比较时不能用 op2 ==0，必须用 op2 <= EPS。

三、参考答案

```
#include < stdio. h >
#include < stdlib. h >
#define EPS 1e – 6
main( )
{
    double op1,op2;
```

```c
char ch;
printf("--------------------------------------\n");
printf("           简单计算器                \n");
printf("--------------------------------------\n");
printf("        (按?键退出程序)              \n");
while(1)
{
    printf("\n");
    printf("请选择运算符: + - * / \n");
    scanf(" %c",&ch);
    if ( ch =='?')
        exit(0);
    printf("请输入两个操作数(中间用空格隔开):\n");
    scanf("%lf%lf",&op1,&op2);
    switch(ch)
    {
        case'+':
            printf("%lf + %lf = %lf\n",op1,op2,op1+op2);
            break;
        case'-':
            printf("%lf - %lf = %lf\n",op1,op2,op1-op2);
            break;
        case '*':
            printf("%lf*%lf = %lf\n",op1,op2,op1*op2);
            break;
        case '/':
            if ( op2 <= EPS)
            {
                printf("除数不能为零!\n");
                break;
            }
            printf("%lf / %lf = %lf",op1,op2,op1/op2);
            break;
        default:
            printf("No this kind of compute");
            exit(0);
    }
}
```

实验十四

学习成绩字母制评价模型

一、实验内容

在考查性课程中，对于成绩的评价往往不是给定一个数值分数，而是根据所谓的"学积分曲线"的评价模型将数值分数转化为相应的字母如 A、B、C、D、E 五个等级对学生的学习过程和效果进行评价，评价模型如表 14-1。

表 14-1　　　　　　　　　　　　学习成绩字母制评价模型

数值分数（x）	成绩（字母表示）	数值分数（x）	成绩（字母表示）
$m + \frac{3}{2}\sigma \leq x$	A	$m - \frac{3}{2}\sigma \leq x \leq m - \frac{1}{2}\sigma$	D
$m + \frac{1}{2}\sigma \leq x \leq m + \frac{3}{2}\sigma$	B	$x < m - \frac{3}{2}\sigma$	F
$m - \frac{1}{2}\sigma \leq x \leq m + \frac{1}{2}\sigma$	C		

表 14-1 中的 m 表示成绩的平均值，σ 是标准方差。对于 n 个数：x_1，x_2，…，x_n 来说，它们的定义如下：$m = \frac{1}{n}\sum_{i=1}^{n} x_i$，$\sigma = \sqrt{\frac{1}{n}\sum_{i=1}^{n}(x_i - m)^2}$，编制程序，读取一个班学生某门课的成绩及其对应的学生学号，计算对应的字母成绩并显示。

二、实验分析

本程序的解题思路：根据表 10，首先计算成绩的平均值 m 和标准方差 σ，成绩和学号由键盘输入，保存在数组 score 和 num 中。成绩平均值的计算利用 for 循环语句先求和，然后除以学生人数，得平均值。成绩标准方差 σ 的计算也是利用 for 循环语句先求出每个学生的成绩与平均差的平方，然后求它们的和的平均值后再开平方，开平方要用数学函数 sqrt（），该数学函数包含在头文件 <math.h> 中。根据数值区间，利用 if 语句判断每个学生的成绩在那个区间并输出对应的字母表示。

采用数组名作为函数参数就是将数组的首地址作为函数参数传递给被调用函数。于是，在被调用函数中就可以通过这个地址找到存放数组元素的存储单元位置，并使用这个数组中的元素值。

对一维形参数组进行类型声明时，在方括号内可以给出数组的长度声明，即将其声明为固定长度数组；也可以不给出数组的长度声明，即将其声明为可变长度数组。

三、参考答案

```
#include <stdio.h>
#include <stdlib.h>
#include <math.h>
#define ARR_SIZE 30
int ReadScore(long num[],float score[]);
float GetAver(float score[],int n);
float GetDev(float score[],int n,float m);
void GetLettle(float score[],float m,float sDev,int n,long num[]);
main()
{
    int n;
    float m,s_dev;
    float score[ARR_SIZE];
    long num[ARR_SIZE];
    printf("Please enter num and score until score <0:\n");
    n = ReadScore(num,score);
    m = GetAver(score,n);
    s_dev = GetDev(score,n,m);
    GetLettle(score,m,s_dev,n,num);

}
/* 函数功能：根据表中的评价模型，分别计算对应成绩的字母表示
   函数参数：长整型数组 num，存放学生学号
            实型数组 score，存放学生成绩
            实型数 m，存放平均值
            实型数 sDev，存放标准偏差
            整型数 n，存放学生人数
   函数返回值：无
```

```
    */
    void GetLettle(float score[ ],float m,float sDev,int n,long num[ ])
    {
        int i;
        for (i =0;i < n;i ++ )
        {
            if (score[i] >= m + 3.0/2 *sDev)
                printf("%ld score %f -------- A\n",num[i],score[i]);
            else if ((score[i] >= m + 1.0/2 *sDev) && (score[i] < m + 3.0/2 *sDev))
                printf("%ld score %f -------- B\n",num[i],score[i]);
            else if ((score[i] >= m - 1.0/2 *sDev) && (score[i] < m + 1.0/2 *sDev))
                printf("%ld score %f -------- C\n",num[i],score[i]);
            else if ((score[i] >= m - 3.0/2 *sDev) && (score[i] < m - 1.0/2 *sDev))
                printf("%ld score %f -------- D\n",num[i],score[i]);
            else
                printf("%ld score %f -------- F\n",num[i],score[i]);
        }
    }
    /* 函数功能：计算标准偏差
       函数参数：实型数组 score，存放学生成绩
                实型数 m，存放平均值
                整型数 n，存放学生人数
       函数返回值：标准偏差 */
    float GetDev(float score[ ],int n,float m)
    {
        int i;
        float s = 0.0;
        for(i = 0;i < n;i ++ )
            s = (score[i] - m)*(score[i] - m) + s;
        return sqrt(s/n);
    }
    /* 函数功能：计算成绩的平均值
       函数参数：实型数组 score，存放学生成绩
                整型数 n，存放学生人数
       函数返回值：成绩的平均值
    */
    float GetAver(float score[ ],int n)
    {
        float m = 0.0;
```

```
    int i = 0;
    for (i = 0; i < n; i ++)
        m = m + score[i];
    return m/n;
}
/* 函数功能：从键盘输入一个班学生某门课的成绩及其学号
            当输入成绩为负值时，输入结束
   函数参数：长整型数组 num，存放学生学号
            实型数组 score，存放学生成绩
   函数返回值：学生总数
*/
int ReadScore(long num[ ], float score[ ])
{
    int i = 0;
    scanf("%ld%f", &num[i], &score[i]);
    while(score[i] >= 0)
    {
        i ++;
        scanf("%ld%f", &num[i], &score[i]);
    }
    return i;
}
```

实验十五

矩阵乘法

一、实验内容

一个 $m \times n$ 的矩阵 A 和一个 $n \times p$ 的矩阵 B 的积是一个 $m \times p$ 的矩阵 $C = A * B$，其 i 行第 j 列上的元素 C_{ij} 可以根据如下公式得出：

$C_{ij} = A$ 第 i 行和第 B 列 j 上的元素的积的和 $= A_{i1} * B_{1j} + A_{i2} * B_{2j} + \cdots + A_{in} * B_{nj}$ 编写一个程序读取两个矩阵 A 和 B，并显示它们，然后计算并显示它们的积。

二、实验分析

程序中矩阵 A 和矩阵 B 中的原始数据由随机函数自动生成，利用双重 for 循环语句，外层循环语句输出行数据并与内存循环中的列数据对应相乘并保存，即得所需要的结果。程序中应注意数据相乘结果值的有效范围。

三、参考答案

```
#include <stdio.h>
#include <stdlib.h>
#include <math.h>
#include <time.h>
#define M 5
#define N 6
#define P 7
void InitArray(long a[ ][N],long b[ ][P]);
void ShowArray(long a[ ][N],long b[ ][P]);
```

```
void ArrayMul(long a[ ][N],long b[ ][P],long c[ ][P]);
void Print(long c[ ][P]);
main( )
{
    long a[M][N],b[N][P],c[M][P];
    InitArray(a,b);
    ShowArray(a,b);
    ArrayMul(a,b,c);
    Print(c);
}
/* 函数功能：输出矩阵 A 和矩阵 B 相乘的积
   函数参数：长整型二维数组 c，存放 A*B 的积
   函数返回值：无
*/
void Print(long c[ ][P])
{
    int i,j;
    printf("\n 数组 C = A*B:\n");
    for (i = 0;i < M;i ++)
    {
        for (j = 0;j < P;j ++)
            printf("%ld",c[i][j]);
        printf("\n");
    }
}
/* 函数功能：计算数组 A*B
   函数参数：长整型二维数组 a, b 和 c
   函数返回值：无
*/
void ArrayMul(long a[ ][N],long b[ ][P],long c[ ][P])
{
    int i,j,k;
    int s = 0;
    for (i = 0;i < M;i ++)
    {
        for (j = 0;j < P;j ++)
        {
            c[i][j] = 0;
            for (k = 0;k < N;k ++)
```

```
                }
                    c[i][j] = c[i][j] + a[i][k] * b[k][j];
            }
        }
    }
}
/* 函数功能：初始化两个数组
   函数参数：长整型二维数组 a 和 b
   函数返回值：无
*/
void InitArray(long a[][N],long b[][P])
{
    int i,j;
    srand(time(NULL));
    for (i=0;i<M;i++)
    {
        for (j=0;j<N;j++)
            a[i][j] = rand()%90+10;
    }
    for (i=0;i<N;i++)
    {
        for (j=0;j<P;j++)
            b[i][j] = rand()%90+10;
    }
}

/* 函数功能：显示初始化数组的值
   函数参数：长整型二维数组 a 和 b
   函数返回值：无
*/
void ShowArray(long a[][N],long b[][P])
{
    int i,j;
    printf("数组 A(%d 行%d 列)为:\n",M,N);
    for (i=0;i<M;i++)
    {
        for (j=0;j<N;j++)
            printf("%ld ",a[i][j]);
        printf("\n");
    }
```

```
        printf(" \n");
        printf("数组 B(%d 行%d 列)为:\n",N,P);

        for (i=0;i < N;i++)
        {
            for (j=0;j < P ;j++)
                printf("%ld ",b[i][j]);
            printf(" \n");
        }
}
```

实验十六

绘制余弦函数曲线

一、实验内容

编程实现在屏幕上用"*"显示 0~360 度的余弦函数 $\cos(x)$ 曲线。

二、实验分析

余弦曲线在 0~360 度的区间内,一行中要显示 2 个点,考虑利用 $\cos(x)$ 的左右对称性,若定义图形的总宽度为 62 列,计算出 x 行 0~180 度时 y 点的坐标 m,那么在同一行与之对称的 180~360 度的 y 点坐标就为 $62-m$。程序中利用反余弦函数 acos 计算坐标 (x,y) 的对应关系。

三、参考答案

```
#include <stdio.h>
#include <math.h>
main()
{
    double y;
    int x,m;
    for(y=1;y>=-1;y-=0.1)//y为列方向,值从1到-1,步长为0.1
    {
        m=acos(y)*10;//计算出y对应的弧度m,乘以10为图形放大倍数

        for(x=1; x<m; x++)
```

```
            printf ( " " );
        printf ( "*" ); //控制打印左侧的＊号

        for ( ; x < 62 – m; x ++ )
            printf ( " " );
        printf ( "*\n" ); //控制打印同一行中对称的右侧＊号
    }
}
```

实验十七

字符串比较

一、实验内容

1. 编写一个程序，比较字符串 s1 和 s2 的大小。如果 s1 > s2，输出一个正数；s1 = s2，输出 0；s1 < s2 输出一个负数。不要用 strcmp 函数。两个字符串用 gets 函数读入，输出的结果应是相比较的两个字符串相应字符的 ASCII 码的差值。

2. 输入三个字符串，按由小到大的顺序输出，用指针方法处理。

二、实验分析

在形如 for(i=0;i<n;i++)的方式读取字符串，容易发生读取结果错误，应该使用形如：for(i=0;str[i]!='\0';i++)的方式读取字符串，也可使用循环语句 while(str[i]!='\0')读取字符串。

直接使用赋值运算符对字符串进行赋值是错误的。必须使用函数 strcpy() 对字符串进行赋值；直接使用关系运算符比较字符串大小，是错误的。必须使用函数 strcmp() 来比较字符串大小。

在用 scanf 或 gets 函数输入一个字符串时，没有提供空间足够大的字符数组来接收用户从键盘输入的字符串，将导致程序中的数据被破坏，并使得系统易于受到蠕虫等计算机病毒的攻击。

三、参考答案

1. 参考答案如下：
```
#include <stdio.h>
#define SIZE 100
```

```c
main()
{
    int i,result;
    char str1[SIZE],str2[SIZE];
    printf("\n Please input string1:");
    gets(str1);
    printf("\n Please input string2:");
    gets(str2);

    i=0;
    while((str1[i] == str2[i]) && (str1[i]!='\0'))
        i++;
    if (str1[i] == '\0' && str2[i] == '\0')
        result=0;//相等，输出0
    else
        result=str1[i]-str2[i];//不等，输出 ASCII 码的差值
    printf("\n result:%d\n",result);
}
```

2. 参考答案如下：
```c
#include <stdio.h>
#define SIZE 100
char strSwap(char* s1,char* s2);
main()
{
    char str1[SIZE],str2[SIZE],str3[SIZE];
    printf("Please input three sring:\n");
    gets(str1);
    gets(str2);
    gets(str3);

    if (strcmp(str1,str2) >0)
        strSwap(str1,str2);
    if (strcmp(str1,str3) >0)
        strSwap(str1,str3);
    if (strcmp(str2,str3) >0)
        strSwap(str2,str3);
    printf("The order by small to big is:%s—%s—%s\n",str1,str2,str3);

}
```

```
char strSwap(char * s1,char * s2)
{
    char * s[SIZE];
    strcpy(s,s1);
    strcpy(s1,s2);
    strcpy(s2,s);
}
```

实验十八

奇数魔方矩阵

一、实验内容

一个魔方正方形是一个 n×n 的矩阵，其中整数为 1，2，3，…，n^2 出现且仅出现一次，每一行、每一列、每一对角线上的元素之和都是相等的。例如，下面 5×5 的魔方矩阵中，所有行、列以及对角线上的和都是 65。

17	24	1	8	15
23	5	7	14	16
4	6	13	20	22
10	12	19	21	3
11	18	25	2	9

下面是对一个任意的奇数 n 创建一个 n×n 的魔方的过程。
1. 首先将 1 放在最顶行的中间；
2. 在整数 k 被放置好后（假如它的位置为 (i，j)），那么 k+1 的位置为：(i+1，j+1)；
3. 如果 i+1 > n，则新的水平坐标为 i+1−n；
4. 如果 j+1 > n，则新的垂直坐标为 j+1−n；
5. 如果新的格子上已经填有数字（碰撞），则新的坐标为 (i，j+2)；
6. 如果越界，则按第 3、4 步处理；如果碰撞，则按第 5 步处理，直到找到一个空的位置。

二、实验分析

算法设计思路如下：
1. 将 1 放在第一行中间一列；

2. 从 2 开始直到 n×n 止各数依次按下列规则存放：按 45 度方向行走，如向右上，每个数存放的行比前一个数的行数减 1，列数加 1。

3. 如果行列范围超出矩阵范围，则回绕。例如 1 在第 1 行，则 2 应放在最下面一行，列数同样加 1；

4. 如果按上面规则确定的位置上已有数，或上一个数是第 1 行第 n 列时，则把下一个数放在上一个数的下面。

三、参考答案

```c
#include <stdio.h>
#define N 10
main()
{
    int a[N][N]={0},i,j,k,p,n;
    p=1;
    while(p==1)
    {
        printf("请输入魔方阵阶数(奇数)(0~%d):",N-1);
        scanf("%d",&n);
        if((n!=0) && (n<N) && (n%2!=0))
            p=0;//判断所输入的数据是否为奇数
    }
    i=n+1;//对 i 进行初始化
    j=n/2+1;//对 j 进行初始化
    a[1][j]=1;    //令第二行中间一数为 1

    for(k=2;k<=n*n;k++)  //下面给 2 到 n*n 分配位置
    {
        i=i-1;//对所在位置进行定位，即向左上方移位
        j=j+1;

        //如果 i<1 且 j>n 说明所定位置为右上角的右上位置，而此位不存在，所以向当前位置下方移动
        if((i<1)&&(j>n))
        {
            i=i+2;//由于刚才初始化 i 时减了 1，所以挪到向方时要加 2
            j=j-1;//由于刚才初始化时 J 加了 1，所以挪到向方时加减 1
        }
```

```
        else
        {
            if(i<1)i=n;
            if(j>n)j=1;
        }
        if(a[i][j]==0)
            a[i][j]=k;
        else
        {
            i=i+2;
            j=j-1;
            a[i][j]=k;
        }
    }
    for(i=1;i<=n;i++)
    {
        for(j=1;j<=n;j++)
            printf("%4d",a[i][j]);
        printf("\n");
    }
```

实验十九

约瑟夫斯问题

一、实验内容

约瑟夫斯（Josephus）：约公元 37 年～100 年，犹太历史学家和军人，生于耶路撒冷，西元 66 年在反对罗马的犹太起义中他指挥一支加利利军队，与罗马军队进行了长达 47 天的殊死搏斗，最后全军覆没，而约瑟夫斯则向罗马军队投降。

在 Josephus 问题中，一队士兵被敌人包围，必须选出一个士兵突围求救。选择士兵的方法如下：随机选出一个整数 n 和一个士兵。士兵站成一圈，开始时从选出的士兵开始报数。报数值为 n 的士兵从圈中移除，然后从下一个士兵开始重新报数。这个过程继续到只剩下一个士兵为止，然后由这个不幸运的士兵突围报信。编写程序实现这种选择策略。

二、实验分析

为实现以上功能，应以循环链表表示该抽象模型。

循环链表是表中最后一个结点的指针域指向头结点，整个链表形成一个环。由此，从表中任一结点出发均可找到表中其他结点。

三、参考答案

```
#include <stdio.h>
#include <stdlib.h>
/*定义链表节点类型*/
typedef struct node
{
    int data;
```

```c
    struct node *next;
}
linklist;

int main()
{
    int i,n,k,m,total;
    linklist *head,*p,*s,*q;
    /* 读入问题条件 */
    printf("请输入士兵人数:");
    scanf("%d",&n);
    printf("请输入要从第几个士兵开始报数:");
    scanf("%d",&k);
    printf("请输入出局数字:");
    scanf("%d",&m);
    /* 创建循环链表,头节点也存信息 */
    head = (linklist*) malloc(sizeof(linklist));
    p = head;
    p -> data = 1;
    p -> next = p;
    /* 初始化循环链表 */
    for (i=2;i <= n;i++)
    {
        s = (linklist*) malloc(sizeof(linklist));
        s -> data = i;
        s -> next = p -> next;
        p -> next = s;
        p = p -> next;
    }
    /* 找到第 k 个节点 */
    p = head;
    for (i=1;i<k;i++)
    {
        p = p -> next;
    }
    /* 保存节点总数 */
    total = n;
    printf("\n 出局序列为:");
    q = head;
```

```c
    /* 只剩一个节点时停止循环 */
    while (total! = 1)
    {
        /* 报数过程,p 指向要删除的节点 */
        for (i = 1; i < m; i ++)
        {
            p = p -> next;
        }
        /* 打印要删除的节点序号 */
        printf(" [ % d ] ", p -> data);
        /* q 指向 p 节点的前驱 */
        while (q -> next! = p)
        {
            q = q -> next;
        }

        /* 删除 p 节点 */
        q -> next = p -> next;
        /* 保存被删除节点指针 */
        s = p;
        /* p 指向被删除节点的后继 */
        p = p -> next;
        /* 释放被删除的节点 */
        free(s);
        /* 节点个数减一 */
        total --;
    }
    /* 打印最后剩下的节点序号 */
    printf(" \n\n 去报信的士兵为第 [ % d ] 号\n\n", p -> data);
    free(p);
    return 0;
}
```

实验二十

Life 游戏

一、实验内容

由数学家 John H. Conway 发明的游戏 Life，试图模拟一个有机物群体的生命发展。考虑一个方形的单元阵列，其中每个单元都可以被一个有机体占用或处于空闲状态。被占用的单元处于 alive（生）状态，未被占用的单元处于 dead（死）状态。单元状态从一代向另一代转换，是否为 alive 状态主要取决于与其相邻的单元 alive 状态的数量，其规则如下：

1. 与某一个单元相邻的单元是指与该单元垂直相连、水平相连，或者通过对角线相连的单元。
2. 一个有机物可以出生在任何一个具有 3 个邻居的空单元中。
3. 如果一个有机物少于 2 个邻居，那么它将因为隔绝而死亡。
4. 如果一个有机物多于 3 个邻居，那么它将因为拥挤而死亡。
5. 其他所有有机物将存活。

为了说明，下图展示了一个特定结构的有机物群体的前 5 代。

编写一个程序模拟 Life 游戏，并研究不同初始结构产生的不同模式。

二、实验分析

算法设计分析：

1. 初始化网格单元，用一个二维数组 map 来实现。初始值为 DEAD，通过键盘输入存活的有机体所在的行列值 row 和 col，激活有机体 map［row］［col］。

2. 以"*"输出存活有机体的位置,对于不是存活体,则用"-"输出其位置。
3. 计算相邻有机体的不同状态,包括 alive 和 dead。
4. 通过反复复制,重新设置有机体在网格中的状态和位置。
5. 输出有机体结构。

三、参考答案

```c
#include <stdio.h>
#include <stdlib.h>
#define MAXROW 20
#define MAXCOL 60
typedef enum state {DEAD,ALIVE} state;
typedef state Grid[MAXROW+2][MAXCOL+2];
typedef enum {FALSE,TRUE} Boolean;
Boolean UserSaysYes(void);
void Initialize(Grid map);
int NeighborCount(Grid map,int row,int column);
void WriteMap(Grid map);
void Error(char*);
void Warning(char*);
void CopyMap(Grid map,Grid newmap);
/* 主程序 */
void main()
{
    int row,col;
    Grid map;
    Grid newmap;
    Initialize(map);
    WriteMap(map);
    printf("This is initial configuration you have chosen. \n"
           " press <Enter> to continue. \n");
    while(getchar()!='\n')
        ;
    do
    {
        for(row=1;row<=MAXROW;row++)
            for(col=1;col<=MAXCOL;col++)
                switch(NeighborCount(map,row,col))
```

```
                    }
                    case 0:
                    case 1:
                        newmap[row][col] = DEAD;
                        break;
                    case 2:
                        newmap[row][col] = map[row][col];
                        break;
                    case 3:
                        newmap[row][col] = ALIVE;
                        break;
                    case 4:
                    case 5:
                    case 6:
                    case 7:
                    case 8:
                        newmap[row][col] = DEAD;
                        break;
                }
        CopyMap(map,newmap);
        WriteMap(map);
        printf("Do you wish to continue viewing the new generations");
    }
    while(UserSaysYes());
}
/* 计算相邻元胞活的数量 */
int NeighborCount(Grid map,int row,int col)
{
    int i;
    int j;
    int count = 0;
    for(i = row - 1;i <= row + 1;i ++)
        for(j = col - 1;j <= col + 1;j ++)
            if(map[i][j] == ALIVE)
                count ++;
    if(map[row][col] == ALIVE)
        count --;
    return count;
}
```

```c
/* 输入初始布局 */
void Initialize(Grid map)
{
    int row,col;
    printf("This program is a simulation of the game of Life. \n"
            "The grid has a size of %d rows and"
            "%d columns. \n",MAXROW,MAXCOL);
    for(row =0;row <= MAXROW +1;row ++)
        for(col =0;col <= MAXCOL +1;col ++)
            map[row][col] = DEAD;
    printf("On each line give a pair of coordinates for a living cell. \n"
            "Terminate the list with the special 0 0. \n");
    scanf("%d%d",&row,&col);
    while(row! =0||col! =0)
    {
        if(row >=1&&row <= MAXROW&&col >=1&&col <= MAXCOL)
            map[row][col] = ALIVE;
        else
            printf("Values are not within range. \n");
        scanf("%d%d",&row,&col);
    }
    while(getchar() ! ='\n')
        ;
}
/* 输出 */
void WriteMap(Grid map)
{
    int row,col;
    putchar('\n');
    putchar('\n');
    for(row =1;row <= MAXROW;row ++)
    {
        for(col =1;col <= MAXCOL;col ++)
            if(map[row][col] == ALIVE)
                putchar('*');
            else
                putchar('-');
        putchar('\n');
    }
}
```

}

/* 从 newmap 复制到 map */
```c
void CopyMap(Grid map, Grid newmap)
{
    int row, col;
    for(row = 0; row <= MAXROW + 1; row ++)
        for(col = 0; col <= MAXCOL + 1; col ++)
            map[row][col] = newmap[row][col];
}
```

/* 是否继续 */
```c
Boolean UserSaysYes(void)
{
    int c;
    printf("(y,n)?");
    do
    {
        while((c = getchar()) == '\n');
            if(c == 'y' || c == 'Y' || c == 'n' || c == 'N')
                return(c == 'y' || c == 'Y')? TRUE:FALSE;
        printf("Please respond by typing one of the letters y or n\n");
    }
    while(1);
}
```

/* 错误消息终止程序 */
```c
void Error(char * s)
{
    fprintf(stderr,"%s\n",s);
    exit(1);
}
```

第四部分

特色实验

实验二十一

银行信息管理系统设计与实现

一、实验目的

1. 掌握文件以及缓冲文件系统、文件指针的概念。
2. 学会使用文件打开、关闭、读、写等文件操作函数。
3. 掌握文件管理在实际项目中的运用。

二、实验内容

设计并实现一个银行常用业务管理信息系统，功能模块包括：管理员登录、账户申请、存款管理、取款管理、查询管理、注销账户和修改密码。各功能模块设计要求如下：

1. 登录模块：要求输入管理员的登录名和密码，登录成功，显示系统功能模块主菜单，如果连续三次输入错误，则系统自动退出，初始用户名和密码为：admin。

2. 账户申请：申请时要验证申请的账户是否已存在，若存在，则给出提示信息，否则，输入账户初始密码并进行验证。

3. 存款管理：存款前验证账户是否存在，若没有这个账户，则提示先申请用户账户，输入存款金额完成存款。

4. 取款管理：首先验证账户和密码，正确后再验证账户余额是否足够支付取款额并作用相应的处理。

5. 查询管理：查询存在的账户的信息，包括账户名，账户余额，存款日期。

6. 注销账户：检查账户余额，如余额大于0，则提示取出余额后再注销。注销后，此用户的信息从库中彻底删除。

7. 密码修改：验证用户账户和密码后，进入修改密码界面，输入新的密码并验证。

三、参考答案

```c
#include <stdio.h>
#include <stdlib.h>
#include <string.h>
#include <windows.h>
#include <conio.h>
#define TRUE 1
#define FALSE 0
#define MIN_INPUT 0x20
#define MAX_INPUT 0x7e
#define MAX_LEN 0xFF
struct per
{
    char mz[MAX_LEN];
    char zh[MAX_LEN];
    char mm[MAX_LEN];
    int money;
    int statue;
}dat,temp;
void MakeAccount();
void QueryAccount();
void Deposit();
void WithDrawal();
```

```c
void OffAccount();
int  GetPassword(unsigned char * pszPw,int iMaxSize);
void DealAccount(FILE * p,FILE * p1);
void ModifyPassWord();
int IsCorrectInfo(FILE * p,char ch1[],char ch2[]);
void main()
{
    int i;
    int cut =0;
    char account[20],mm[20];
    char ch;
    char account1[] ={"admin"},mm1[] ={"admin"};
dl: system("cls");
    printf("\n");
    printf("                      欢迎使用银行管理系统\n");
    printf("\n");
    printf("            --------请以管理员的身份登录管理系统--------\n");
    printf("\n\n\n\n");
    printf("\n");
    printf("\n");
    printf("\n");
    printf("         请输入管理员账号:");
    scanf("%s",account);
    printf("\n");
    printf("         请输入管理员密码:");
    scanf("%s",mm);
    printf("\n");
    if(strcmp(account1,account) ==0 && strcmp(mm1,mm) ==0)
      {
         printf("\n              正在登录,请稍候……\n");
         Sleep(500);
         system("cls");
         goto gl;
      }
    else
      {
         printf("         账号或密码输入错误,按任意键返回\n");
         printf("\n");
         getch();
```

```
            goto dl;
        }
    gl:
        system("cls");
        printf("\n");
        printf("                    欢迎进入银行管理系统\n");
        printf("            ┌─────────────────────────────┐\n");
        printf("            │        1. 申请账号          │\n");
        printf("            ├─────────────────────────────┤\n");
        printf("            │        2. 存款管理          │\n");
        printf("            ├─────────────────────────────┤\n");
        printf("            │        3. 取款管理          │\n");
        printf("            ├─────────────────────────────┤\n");
        printf("            │        4. 查询管理          │\n");
        printf("            ├─────────────────────────────┤\n");
        printf("            │        5. 注销账户          │\n");
        printf("            ├─────────────────────────────┤\n");
        printf("            │        6. 修改密码          │\n");
        printf("            ├─────────────────────────────┤\n");
        printf("            │        7. 退出系统          │\n");
        printf("            └─────────────────────────────┘\n");
        printf("         请输入数字 1 - 7,按回车键选择:");
        do
        {
```

```
scanf("%d",&i);
switch(i)
{
case 1:
    system("cls");
    MakeAccount();
    goto gl;
    break;
case 2:
    system("cls");
    Deposit();
    goto gl;
    break;
case 3:
    system("cls");
    WithDrawal();
    goto gl;
    break;
case 4:
    system("cls");
    QueryAccount();
    goto gl;
    break;
case 5:
    system("cls");
    OffAccount();
    goto gl;
    break;
case 6:
    system("cls");
    ModifyPassWord();
    goto gl;
    break;
case 7:
    printf("\n");
    printf("        确认退出吗？(y/n)");
    scanf("%c",&ch);
    if(ch=='y')
    {
```

```
                system("cls");
                exit(0);
            }
        else
            goto gl;
        break;
        default:printf("         输入错误,请重新输入");
        }
    }while(i!=0);
}
/* 函数功能:    开户
   函数参数:    无
   函数返回值:  无
*/
void MakeAccount()
{
    FILE *pa,*pa1;
    char mm_ok[20];
    pa=fopen("db.dat","ab");
lp: printf("请输入你的名字:");
    scanf("%s",dat.mz);
    pa1=fopen("db.dat","rb");
    printf("\n账号:");
    scanf("%s",dat.zh);
    while(fread(&temp,sizeof(temp),1,pa1)==1 )
    {
        if(((strcmp(dat.zh,temp.zh)==0)))
        {
            system("cls");
            printf("\n此账号已经有人用了,请重新输入.\n\n");
            fclose(pa1);
            goto lp;
        }
    }
    fclose(pa1);
    printf("\n密码:");
    GetPassword(dat.mm,6);
    printf("\n确认密码:");
    GetPassword(mm_ok,6);
```

```c
    if(strcmp(dat.mm,mm_ok)!=0)
    {
        printf("\n确认密码不一样！请重新输入.\n");
        goto lp;
    }
    dat.money=0;
    dat.statue=1;
    if (fwrite(&dat,sizeof(dat),1,pa)==-1)
        printf("保存错误！\n");
    else
        printf("\n申请成功.\n");
    fclose(pa);
    printf("按任意键继续\n");
    getch();
}
/*函数功能：    查询
    函数参数：    无
    函数返回值：  无
*/
void QueryAccount()
{
    FILE *pa;
    char zh[20];
    if (((pa=fopen("db.dat","rb"))!=NULL)
            fclose(pa);
    pa=fopen("db.dat","rb");
    if(pa==NULL)
    {
        printf("\n");
        printf("还没有一个人申请账号.\n");
        printf("\n");
        printf("按任意键继续\n");
        getch();
        return;
    }
    else
    {
        printf("\n");
        printf("请输入你的账号:");
```

```
                scanf("%s",zh);
                while(feof(pa)==0)
                {
                    fread(&dat,sizeof(dat),1,pa);
                    if(strcmp(dat.zh,zh)==0)
                    {
                        printf("--------------------------------------------------------------------------------\n");
                        printf("     |    姓名    |    账号    |  存款(元)|    状态    |\n");
                        printf("     |------------------------|------------------------|------------------------|------------------------||\n");
                        printf("         |%12s|%12s|%9d|%10d|\n",dat.mz,dat.zh,dat.money,dat.statue);
                        printf("--------------------------------------------------------------\n");
                        printf("\n");
                        break;
                    }
                    else if(feof(pa)!=0)
                    {
                        printf("\n没有这个账户!");
                        break;
                    }
                }
            }
            fclose(pa);
            printf("按任意键继续\n");
            getch();
        }
        /* 函数功能：  存款
           函数参数：  无
           函数返回值： 无
        */
        void Deposit()
        {
            FILE *db,*lan;
            char zh[20];
```

```
char mm[20];
int money,i = 1;
db = fopen("db. dat","ab + ");
lan = fopen("tempdb. dat","wb + ");
if(db == NULL)
{
    printf(" \n");
    printf("还没有一个人申请账号,按任意键返回. \n");
    printf(" \n");
    getch();
    goto gl;
}
while(1)
{
    if (IsCorrectInfo(db,zh,mm) == 1)
        break;
}
fseek(db,0,0);
fseek(lan,0,0);
while(! feof(db))
{
    if (fread(&dat,sizeof(dat),1,db) == 1)
    {
        if(strcmp(zh,dat. zh) == 0 && strcmp(mm,dat. mm) == 0)
        {
            printf(" \n");
            printf("请输入你要存款的数额:");
            scanf("% d",&money);
            strcpy(temp. mz,dat. mz);
            strcpy(temp. zh,zh);
            strcpy(temp. mm,mm);
            temp. money = dat. money + money;
            fwrite(&temp,sizeof(temp),1,lan);
        }
        else
            fwrite(&dat,sizeof(dat),1,lan);
        i ++;
        if(feof(db) != 0)
        {
```

```
                    printf("\n");
                    printf("账号不存在,按任意键返回！\n");
                    printf("\n");
                    getch();
                    goto gl;
                }
            }
        }
        DealAccount(db,lan);
        printf("\n");
        printf("\n 存款成功! 按任意键返回\n");
        printf("\n");
        getch();
gl:
        ;
}
/* 函数功能：    判断输入的密码是否正确
   函数参数：    文件指针对象 p,字符变量 ch1,ch2 分别
                 保存账户和密码信息
   函数返回值:返回 1,表示正确,返回 0,表示账户和密码错误
*/
int IsCorrectInfo(FILE * p,char ch1[],char ch2[])
{
    int bln = 1;
    fseek(p,0,0);
    printf("\n 请输入你的账号:");
    scanf("%s",ch1);
    printf("密码:");
    GetPassword(ch2,6);
    while(! feof(p))
    {
        if (fread(&dat,sizeof(dat),1,p) == 1)
        {
            if (strcmp(ch1,dat.zh) != 0 && strcmp(ch2,dat.mm) != 0)
            {
                printf("\n 账户或密码不正确,请重新输入.\n");
                bln = 0;
            }
        }
    }
```

```
        }
        return bln;
}
/* 函数功能: 取款
    函数参数: 无
    函数返回值:无
*/
void WithDrawal()
{
    FILE * db, * lan;
    char zh[20];
    char mm[20];
    int money,i = 1;
    db = fopen("db. dat","rb");
    lan = fopen("tempdb. dat","wb + ");
    fseek(lan,0,0);
    if(db == NULL)
    {
        printf("\n");
        printf("还没有一个人申请账号,按任意键返回.\n");
        printf("\n");
        getch();
        goto gl;
    }
    while(1)
    {
     if (IsCorrectInfo(db,zh,mm) == 1)
          break;
    }
    fseek(db,0,0);
    while(! feof(db))
    {
         if (fread(&dat,sizeof(dat),1,db) == 1)
         {
             if(strcmp(zh,dat. zh) == 0 && strcmp(mm,dat. mm) == 0)
             {
                  printf("请输入你要取款的数额:");
                  scanf("% d",&money);
                  if(money > dat. money )
```

```
                {
                        printf("\n");
                        printf("对不起,您的余额不足! 按任意键返回\n");
                        printf("\n");
                        getch();
                        goto gl;
                }
                strcpy(temp.mz,dat.mz);
                strcpy(temp.zh,zh);
                strcpy(temp.mm,mm);
                temp.money = dat.money - money;
                fwrite(&temp,sizeof(temp),1,lan);
            }
            else
            {
                 fwrite(&dat,sizeof(dat),1,lan);
            }
            i++;
            if(feof(db) !=0)
            {
                printf("\n");
                printf("账号不存在! 按任意键返回\n");
                printf("\n");
                getch();
                goto gl;
            }
        }
    }
    DealAccount(db,lan);
    printf("\n 取款成功! 按任意键返回\n");
    printf("\n");
    getch();
gl:
    ;
}
/* 函数功能: 销户
   函数参数: 无
   函数返回值:无
*/
```

```c
void OffAccount( )
{
    FILE  * db, * lan;
    char zh[20];
    char mm[20];
    char statue[5], statue1[ ] = {"y"};
    int i = 1, j = 0;
    db = fopen("db. dat", "rb");
    lan = fopen("tempdb. dat", "wb + ");
    fseek(lan, 0, 0);
    if( db == NULL)
    {
        printf("还没有一个人申请账号,按任意键返回. \n");
        printf(" \n");
        getch( );
        goto gl;
    }
    printf("请输入你的账号:");
    scanf("% s", zh);
    printf("密码:");
    GetPassword(mm, 6);
    while( ! feof(db))
    {
        if (fread(&dat, sizeof(dat), 1, db) == 1)
        {
            if( strcmp(zh, dat. zh) == 0 && strcmp(mm, dat. mm) == 0)
            {
                j = 1;
                printf(" \n\n\n");
                printf("请选择是否销户(y/n):");
                scanf("% s", statue);
                if( strcmp(statue, statue1) == 0)
                {
                    continue;
                }
                else
                {
                    printf(" \n");
                    goto gl;
```

```
                    }
                }
                else
                {
                    fwrite(&dat,sizeof(dat),1,lan);
                    continue;
                }
            }
        }
        fclose(db);
        DealAccount(db,lan);
        if(j==0)
        {
            printf("\n 没有这个账户!");
            goto gl;
        }
        printf("\n 操作成功!");
gl:
        printf("按任意键返回\n");
        printf("\n");
        getch();
}
/* 函数功能： 对账号信息进行处理
   函数参数： p1,p 为文件指针对象
   函数返回值:无
*/
void DealAccount(FILE * p,FILE * p1)
{
    p = fopen("db.dat","wb+");
    fseek(p,0,0);
    fseek(p1,0,0);
    while(!feof(p1))
    {
        if(fread(&temp,sizeof(temp),1,p1)==1)
        {
            fwrite(&temp,sizeof(temp),1,p);
        }
        else
            break;
```

```
        }
        fclose(p1);
        fclose(p);
        p1 = fopen("tempDB.dat","wb+");
        fclose(p1);
}
/* 函数功能： 修改密码
    函数参数： 无
    函数返回值:无
*/
void ModifyPassWord()
{
    FILE *db, *lan;
    char zh[20];
    char mm[20];
    char mm_ok[20];
    int i = 1;
    db = fopen("db.dat","rb");
    lan = fopen("tempdb.dat","wb+");
    fseek(lan,0,0);
    if(db == NULL)
    {
        printf("\n");
        printf("还没有一个人申请账号,按任意键返回.\n");
        printf("\n");
        getch();
        goto gl;
    }
    printf("请输入你的账号:");
    scanf("%s",zh);
    printf("密码:");
    scanf("%s",mm);
    while(! feof(db))
    {
        if (fread(&dat,sizeof(dat),1,db) == 1)
        {
            if(strcmp(zh,dat.zh) == 0 && strcmp(mm,dat.mm) == 0)
            {
lp:             printf("\n请输入新的密码:");
```

```
                GetPassword(dat.mm,6);
                printf("\n确认密码:");
                GetPassword(mm_ok,6);
                if(strcmp(dat.mm,mm_ok)!=0)
                {
                    printf("\n确认密码不一样! 请重新输入.\n");
                    goto lp;
                }
                strcpy(temp.mz,dat.mz);
                strcpy(temp.zh,zh);
                strcpy(temp.mm,mm_ok);
                temp.money = dat.money;
                fwrite(&temp,sizeof(temp),1,lan);
            }
            else
            {
                fwrite(&dat,sizeof(dat),1,lan);
            }
            i++;
            if(feof(db)!=0)
            {
                printf("\n");
                printf("\n账号不存在! 按任意键返回\n");
                printf("\n");
                getch();
                goto gl;
            }
        }
    }
    DealAccount(db,lan);
    printf("\n密码修改成功! 按任意键返回\n");
    printf("\n");
    getch();
gl:
    ;
}
/* 函数功能: 以 * 显示并得到密码
   函数参数: pszPw: 保存密码的缓冲, iMaxSize: 最大的密码长度,
             该长度必须小于缓冲区大小
```

    函数返回值:返回值为 TRUE 为成功获取密码
*/
int GetPassword(unsigned char * pszPw, int iMaxSize)
{
    unsigned char ch;
    int i = 0;
    int bIsEcho = TRUE;
    while((ch = (unsigned char)getch()) && i < iMaxSize)
    {
        bIsEcho = TRUE;
        if (ch == 13)
        {
            pszPw[i++] = 0;
            break;
        }
        else if (ch >= MIN_INPUT && ch <= MAX_INPUT) /* 所有可打印字符 */
        {
            pszPw[i++] = ch;
        }
        else if (ch == 8 && i > 0) /* 退格键 */
        {
            pszPw[i--] = 0;
            bIsEcho = FALSE;
            putchar(ch);
            putchar(' ');
            putchar(ch);
        }
        else
            bIsEcho = FALSE;
        if(bIsEcho)
            putchar('*');
    }
    pszPw[i] = 0;
    return TRUE;
```
```

附录 A

C 语言编程常见错误

1. 书写标识符时，忽略了大小写字母的区别。
    ```
    main( )
    {
        int x = 5;
        printf("%d", X);
    }
    ```
   编译程序把 x 和 X 认为是两个不同的变量名，而显示出错信息。C 认为大写字母和小写字母是两个不同的字符。习惯上，符号常量名用大写字母表示，变量名用小写字母表示或小写字母与数字联合表示，以增加程序的可读性。

2. 忽略了变量的类型，进行了不合法的运算。
    ```
    main( )
    {
        float x, y;
        printf("%d", x%y);
    }
    ```
   %是求余运算，得到 x÷y 的整余数。整型变量 x 和 y 可以进行求余运算，而实型变量则不允许进行"求余"运算。

3. 将字符常量与字符串常量混淆。

　　char ch;

　　ch = "a";

在这里就混淆了字符常量与字符串常量，字符常量是由一对单引号括起来的单个字符，字符串常量是一对双引号括起来的字符序列。C规定以"\0"作为字符串结束标志，它是由系统自动加上的，所以字符串"a"实际上包含两个字符："a"和"\0"，而把它赋给一个字符变量是不行的。

4. 忽略了"="与"=="的区别。

在C语言中，"="是赋值运算符，"=="是关系运算符。如if（a==2）a=b；前者是进行比较，变量a的值是否和3相等，后者表示如果a和3相等，把b值赋给变量a。由于习惯问题，初学者往往会犯这样的错误。

5. 忘记加分号。

分号";"是C语言中不可缺少的一部分，语句末尾必须有分号。例如：

　　x = 1

　　y = 1

编译时，编译程序在"x = 1"后面没有发现分号，就把下一行"y = 2"也作为上一行语句的一部分，这就会出现语法错误。改错时，有时在被指出有错的一行中未发现错误，就需要看一下上一行是否漏掉了分号。

```
{
    z = x + y;
    t = z/100;
    printf("%f", t);//这里的分号不能忽略不写
}
```

对于复合语句来说，最后一个语句后面的分号不能忽略不写。

6. 多加分号。

对于一个复合语句，如：

```
{
    z = x + y;
    t = z/100;
    printf("%f", t);//这里的分号不能忽略不写
};
```

复合语句的花括号后不应再加分号，否则将会画蛇添足。

又如下列这段程序：

　　if (x%3 ==0);

　　　　i++;

上述这段程序要求实现：如果3整除x，则i加1。但由于if（x%3==0）后多加了分号，则if语句到此结束，程序将继续执行i++语句，不论3是否整除x，i都将自动加1。

再如：

```
    for (i =0;i <5; i ++);
    {
        scanf("%d", &x);
        printf("%d", x);
    }
```

上述程序段要求先后输入5个整数，每输入一个数后再将它输出。由于 for () 后多加了一个分号，使循环体变为空语句，此时，只能输入一个数并输出它。

7. if 语句后少括号。

```
    if x%2 ==0
        printf("Even\n");
    else
        printf("Odd\n");
```

上述程序段要求判断 x 的奇偶性，是偶数，则输出"Even"；是奇数则输出"Odd"。由于 if 语句后的条件语句 x%2 ==0 没有括号，程序在运行时提示 syntax error：identifier 'x'，正确的写法为 if (x%2 ==0)。

8. 关系运算的错误写法。

```
    scanf("%d",&x);
    if(70 <= x <=80)
        printf("Normal");
```

if 语句要求判断 x 是否在 70 到 80 之间，如果是则输出"Normal"，上述写法，x 在任何情况下，表达式 70 <= x <=80 始终为真，也就是输出结果始终为 Normal。对于关系运算，正确的写法为：if (x >=70 && x <=80)。

9. 输入变量时忘记加地址运算符"&"。

```
    int x,y;
    scanf("%d%d",x,y);
```

这是不合法的。scanf 函数的作用是：按照 x，y 在内存的地址将 x、y 的值存进去。"&x" 指在内存中的地址。

10. 输入数据的方式与要求不符。

（1）scanf("%d%d",&x,&y);

输入时，不能用逗号作两个数据间的分隔符，如下面输入不合法：

3,4

输入数据时，在两个数据之间以一个或多个空格间隔，也可用回车键，跳格键 tab.

（2）scanf("%d,%d",&x,&y);

C 语言规定：如果在"格式控制"字符串中除了格式说明以外还有其他字符，则在输入数据时应输入与这些字符相同的字符。下面输入是合法的：

3,4

此时，不用逗号而用空格或其他字符是不对的。

3 4   3:4

（3）Scanf("x =%d,y =%d",&x,&y);

输入格式应为如下格式:
　　x = 3, y = 4

11. 输入字符的格式与要求不一致。
在用"%c"格式输入字符时,"空格字符"和"转义字符"都作为有效字符输入。
　　scanf("%c%c%c", &c1, &c2, &c2);
如输入 a b c
字符"a"送给 c1,字符" "送给 c2,字符"b"送给 c3,因为%c 只要求读入一个字符,后面不需要空格作为两个字符的间隔。

12. 输入输出的数据类型与所用格式说明符不一致。
例如:a 已定义为整型,b 定义为实型
　　a = 3; b = 4.5;
　　printf("%f%d\n", a, b);
编译时不给出出错信息,但运行结果将与愿意不符。这种错误尤其需要注意。

13. 输入数据时,企图规定精度。
　　scanf("%7.2", &a);
这样做是不合法的,输入数据时不能规定精度。

14. switch 语句中漏写 break 语句。
例如:根据考试成绩的等级打印出百分制数段。
```
switch(grade)
{
    case 'A': printf("85~100\n");
    case 'B': printf("70~84\n");
    case 'C': printf("60~69\n");
    case 'D': printf("&lt;60\n");
    default: printf("error\n");
}
```

由于漏写了 break 语句,case 只起标号的作用,而不起判断作用。因此,当 grade 值为 A 时,printf 函数在执行完第一个语句后接着执行第二、三、四、五个 printf 函数语句。正确写法应在每个分支后再加上"break"。例如:
```
switch(grade)
{
    case 'A': printf("85~100\n");
        break;
    case 'B': printf("70~84\n");
        break;
    case 'C': printf("60~69\n");
        break;
    case 'D': printf("<=60\n");
        break;
```

```
            default:printf("error\n");
}
```

15. 忽视了 while 和 do – while 语句在细节上的区别。
（1）   main()
        {
            int a = 0,i;
            scanf("%d",&i);
            while(i <= 10)
            {
                a = a + i;
                i++;
            }
            printf("%d",a);
        }
（2）   main()
        {
            int a = 0,i;
            scanf("%d",&i);
            do
            {
                a = a + i;
                i++;
            } while(i <= 10);
            printf("%d",a);
        }

可以看出，当输入 i 的值小于或等于 10 时，二者得到的结果相同。而当 i > 10 时，二者的结果就不同了。因为 while 循环是先判断后执行，而 do – while 循环是先执行后判断。对于大于 10 的数 while 循环一次也不执行循环体，而 do – while 语句则要执行一次循环体。

16. 定义数组时误用变量。
```
    int n;
    scanf("%d",&n);
    int a[n];
```
数组名后用方括号括起来的是常量表达式，可以包括常量和符号常量。即 C 不允许对数组的大小作动态定义。

17. 在定义数组时，将定义的"元素个数"误认为是可使的最大下标值。
```
    main()
    {
        static int a[10] = {1,2,3,4,5,6,7,8,9,10};
        printf("%d",a[10]);
```

}

C 语言规定：定义时用 a[10]，表示 a 数组有 10 个元素。其下标值由 0 开始，所以数组元素 a[10] 是不存在的。

18. 初始化数组时，未使用静态存储。

  int a[3] = {0,1,2};

这样初始化数组是不对的。C 语言规定只有静态存储（static）数组和外部存储（extern）数组才能初始化。应改为：static int a[3] = {0, 1, 2};

19. 在不应该加地址运算符 & 的位置加了地址运算符。

  scanf("%s",&str);

C 语言编译系统对数组名的处理是：数组名代表该数组的起始地址，且 scanf 函数中的输入项是字符数组名，不必要再加上地址符 &。应改为：scanf("%s", str);

20. 指针未初始化，在引用指针变量之前没有对它赋予确定的值。

例如：
{
  int * p;
  * p = 0;
}

指针 p 没有被初始化，dos 下这将有可能导致死机，windows 下将导致一个非法操作。使用指针前一定要初始化，使它指向一个确实分配了的空间。

例如：
{
  char * p;
  scanf("%s",p);
}

由于指针 p 没有初始化，将导致输入错误。应改为：
{
  char * p, c[20];
  p = c;
  scanf("%s",p);
}

21. 混淆数组名和指针变量的区别

例如：
{
  int i,a[5];
  for(i = 0; i < 5; i ++)
    scanf("%d",a ++);
}

上述程序中 a 是数组名，代表了数组的首地址，它不能被修改。上述程序应该修改为：

{

```
    int a[5] *p;
    for(p = a ;p < a+5;pi ++ )
        scanf("%d",p);
}
```
或者修改为:
```
{
    int i,a[5], *p;
    p = a;
    for(i =0; i <5; i ++ )
        scanf("%d",p ++ );
}
```

附录 B

Visual Studio 2008 程序调试

程序调试技术是每个初学编程者最先要掌握的技术，通过调试（Debug）来查错、改错，同时调试也是一种直观学习 C 语言的好方法，我们使用图 1 中的程序演示调试的过程和操作方法。

一、断点的设置

把光标放在任意一条可执行语句上，按 F9 键，这行代码前就会出现一个红色的大圆点，如图 1 所示，标志端点设置成功，再按 F9 键，可取消断点设置。

二、调试运行

按 F5 键开始调试这个程序，程序在运行到断点的地方，就暂停，进入跟踪状态。程序停止在设置断点的语句上，同时该语句前出现一个黄色的小箭头。时间静止了，等待你的下一条指令，如图 2 所示。

在图 2 的窗口中，工具栏上的图标 为调试工具栏。图标从左到右的意思分别为：显示下一语句；逐语句；逐渐过程；跳出。

暂停的语句还没有被执行。此时，图 2 中 x［i］的有值吗？是多少？在监视窗口中看看便知道。

Visual Studio 2008 中有两个监视窗口：自动窗口、局部变量和监视 1 窗口。自动窗口在调试的过程中自动显示当前环境下涉及的各个变量的值，局部变量则显示当前语句块中的局

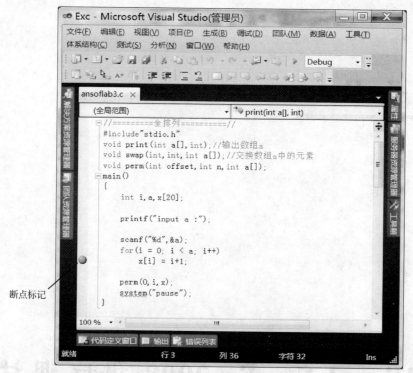

图 1 visual studio 2008 中的设置断点

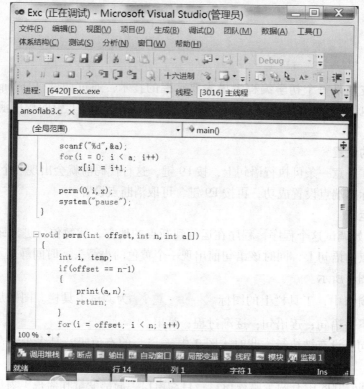

图 2 visual studio 2008 调试状态 1

部变量的值，而监视1窗口内只显示在此输入的表达式的值。

图2的变量窗口中显示出a，i，x［i］的值，a是输入的值，i值为0，x［i］的值为一负数，这是一个垃圾数，是系统产生的随机值。按F10键，开始单步执行，黄色箭头马上指向下一条语句，此时x［0］=1，在监视1窗口name栏下输入x［i］，可以看出x［i］的值确实变成1了。

继续按F10，黄色箭头随之逐条下行，变量x［i］的值随之改变。当进入到语句"perm(0,i,x);"的时候，按F11可以进入到函数内部进行调试，此时，黄色箭头进入函数perm内部。如图3所示。

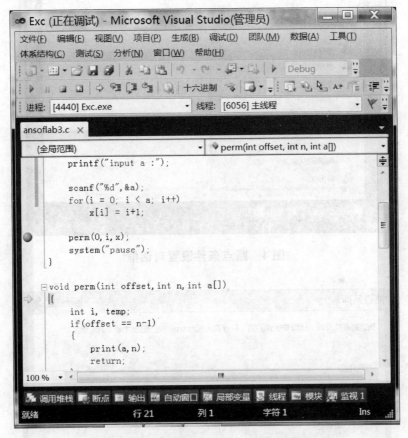

图3　visual Studio 2008在调试状态2

三、调试技巧

1. 一个如下的语句for（int i=0；i < 10；i + +）｛if（i = =5）   j=5；｝，什么都写在一行，你怎么在j=5前面插入断点呢？在一个1000次的循环体内部设置断点，你希望当循环进行到900次后中断，怎么才能做到呢？

方法如下：在循环的大括号上单击右键，插入断点，在断点上右键单击，选择如图4菜单项。

在弹出的窗口中可以设置断点命中的条件i = =900，如图5所示。

通过这样设置断点，就可以解决上述问题。

图 4　断点条件设置对话框

图 5　断点条件

2. 如果希望断点在被命中 100 次后，每命中三次中断一次，比如第 103，第 106，第 109 怎样做？

方法：右键单击断点，在弹出菜单中选择"断点命中次数"，会弹出如图 6 所示的窗口

图6 断点命中次数

附 录 C

常用 C 语言库函数

< assert. h >：诊断

　　< assert. h > 中只定义了一个带参的宏 assert，其定义形式如下：
　　　　void assert（int 表达式）
　　assert 宏用于为程序增加诊断功能，它可以测试一个条件并可能使程序终止。在执行语句：
　　assert（表达式）；时，如果表达式为 0，则在终端显示一条信息：
　　　　Assertion failed：0，file 源文件名，line 行号
　　　　Abnormal program termination
然后调用 abort 终止程序的执行。
　　在 < assert. h > 中，带参宏 assert 是被定义为条件编译的，如果在源文件中定义了宏 NDEBUG，则即使包含了头文件 < assert. h >，assert 宏也将被忽略。

< ctype. h >：字符类别测试

　　在头文件 < ctype. h > 中定义了一些测试字符的函数。在这些函数中，每个函数的参数都是整型 int，而每个参数的值或者为 EOF，或者为 char 类型的字符。< ctype. h > 中定义的标准函数列见表 1。

表 1	<ctype.h> 中定义的函数
函数定义	函数功能简介
int isalnum（int c)	检查字符是否是字母或数字
int isalpha（int c)	检查字符是否是字母
int isascii（int c)	检查字符是否是 ASCII 码
int iscntrl（int c)	检查字符是否是控制字符
int isdigit（int c)	检查字符是否是数字字符
int isgraph（int c)	检查字符是否是可打印字符
int islower（int c)	检查字符是否是小写字母
int isprint（int c)	检查字符是否是可打印字符
int ispunct（int c)	检查字符是否是标点字符
int isspace（int c)	检查字符是否是空格符
int isupper（int c)	检查字符是否是大写字母
int isxdigit（int c)	检查字符是否是十六进制数字字符
int toupper（int c)	将小写字母转换为大写字母
int tolower（int c)	将大写字母转换为小写字母

<errno.h>：错误处理

<errno.h> 中定义了两个常量，一个变量。

1. EDOM

它表示数学领域错误的错误代码。

2. ERANGE

它表示结果超出范围的错误代码。

3. errno

这是一个变量，该值被设置成用来指出系统调用的错误类型。

<limits.h>：整型常量

在头文件 <limits.h> 中定义了一些表示整型大小的常量。下面给出这些常量的字符表示以及含义，见表2。

表 2	<limits.h> 中定义的字符常量	
字符常量	取 值	含 义
CHAR_BIT	8	char 类型的位数
CHAR_MAX	255 或 127	char 类型最大值
CHAR_MIN	0 或 -127	char 类型最小值
INT_MIN	-32767	int 类型最小值
INT_MAX	32767	int 类型最大值
LONG_MAX	2147483647	long 类型最大值
LONG_MIN	-2147483647	long 类型最小值

续表

字符常量	取值	含义
SCHAR_MAX	127	signed char 类型最大值
SCHAR_MIN	-127	signed char 类型最小值
SHRT_MAX	32767	short 类型的最大值
SHRT_MIN	-32767	short 类型的最小值
UCHAR_MAX	255	unsigned char 类型最大值
UINT_MAX	65535	unsigned int 类型最大值
ULONG_MAX	4294967295	unsigned long 类型最大值
USHRT_MAX	65535	unsigned short 类型的最大值

< locale. h >：地域环境

在 < locale. h > 中，定义了 7 个常量，一个结构，2 个函数。

1. 常量的定义

LC_ALL：传递给 setlocale 的第一个参数，指定要更改该 locale 的哪个方面。

LC_COLLATE：strcoll 和 strxfrm 的行为。

LC_CTYPE：字符处理函数。

LC_MONETARY：localeconv 返回的货币信息。

LC_NUMERIC：localeconv 返回的小数点和货币信息。

LC_TIME：strftime 的行为。

以上扩展成具有唯一取值的整型常数表达式，可作为 setlocale 的第一个参数。

NULL：由实现环境定义的空指针。

2. struct lconv 结构

该结构用于存储和表示当前 locale 的设置。其结构定义如下：

```
struct lconv
    {
        char * decimal_point;
        char * thousands_sep;
        char * grouping;
        char * int_curr_symbol;
        char * currency_symbol;
        char * mon_decimal_point;
        char * mon_thousands_sep;
        char * mon_grouping;
        char * positive_sign;
        char * negative_sign;
        char int_frac_digits;
        char frac_digits;
        char p_cs_precedes;
```

```
            char p_sep_by_space;
            char n_cs_precedes;
            char n_sep_by_space;
            char p_sign_posn;
            char n_sign_posn;
    };
```

3. 函数

struct lconv * localeconv (void);

函数 localeconv 将一个 struct lconv 类型的对象的数据成员设置成为按照当前地域环境的有关规则进行数量格式化后的相应值。

char * setlocale (int category, char * locale);

函数 setlocale 用于更改和查询程序的整个当前地域环境或部分设置。地域环境变量由参数 category（上面定义的 6 个常量）和 locale 指定。

<math.h>：数学函数

在 <math.h> 中定义了一些数学函数和宏，用来实现不同种类的数学运算。下面给出 <math.h> 中标准数学函数的函数定义及功能简介，见表 3。

表 3　　　　　　　　　　　　　　<math.h> 中定义的函数

函数定义	函数功能简介
double exp (double x);	指数运算函数，求 e 的 x 次幂函数
double log (double x);	对数函数 ln (x)
double log10 (double x);	对数函数 log
double pow (double x, double y);	指数函数（x 的 y 次方）
double sqrt (double x);	计算平方根函数
double ceil (double x);	向上舍入函数
double floor (double x);	向下舍入函数
double fabs (double x);	求浮点数的绝对值
double ldexp (double x, int n);	装载浮点数函数
double frexp (double x, int * exp);	分解浮点数函数
double modf (double x, double * ip);	分解双精度数函数
double fmod (double x, double y);	求模函数
double sin (double x);	计算 x 的正弦值函数
double cos (double x);	计算 x 的余弦值函数
double tan (double x);	计算 x 的正切值函数
double asin (double x);	计算 x 的反正弦函数
double acos (double x);	计算 x 的反余弦函数
double atan (double x);	反正切函数 1
double atan2 (double y, double x);	反正切函数 2
double sinh (double x);	计算 x 的双曲正弦值
double cosh (double x);	计算 x 的双曲余弦值
double tanh (double x);	计算 x 的双曲正切值

在标准库中，还有一些与数学计算有关的函数定义在其他头文件中。

<setjmp.h>：非局部跳转

在头文件<setjmp.h>中定义了一种特别的函数调用和函数返回顺序的方式。这种方式不同于以往的函数调用和返回顺序，它允许程序流程立即从一个深层嵌套的函数中返回。

<setjmp.h>中定义了两个宏：

int setjmp（jmp_buf env）；   /*设置调转点*/

和

longjmp（jmp_buf jmpb，int retval）；   /*跳转*/

宏setjmp的功能是将当前程序的状态保存在结构env，为调用宏longjmp设置一个跳转点。setjmp将当前信息保存在env中供longjmp使用。其中env是jmp_buf结构类型的，该结构定义为：

```
typedef struct {
    unsigned j_sp;
    unsigned j_ss;
    unsigned j_flag;
    unsigned j_cs;
    unsigned j_ip;
    unsigned j_bp;
    unsigned j_di;
    unsigned j_es;
    unsigned j_si;
    unsigned j_ds;
} jmp_buf[1];
```

直接调用setjmp时，返回值为0，这一般用于初始化（设置跳转点时）。以后再调用longjmp宏时用env变量进行跳转。程序会自动跳转到setjmp宏的返回语句处，此时setjmp的返回值为非0，由longjmp的第二个参数指定。

下面通过例子来理解<setjmp.h>中定义的这两个宏。

例B-1 非局部跳转演示。

```c
#include <setjmp.h>
jmp_buf env;  /*定义jmp_buf类型变量*/
int main(void)
{
    int value;
    value = setjmp(env);  /*调用setjmp，为longjmp设置跳转点*/
    if(value! =0)
    {
        printf("Longjmp with value %d\n",value);
        exit(value);    /*退出程序*/
```

```
        }
        printf("Jump   …\n");
        longjmp(env,1);          /*跳转到setjmp语句处*/
        return 0;
}
```

本例程先应用 setjmp 宏为 longjmp 设置跳转点,当第一次调用 setjmp 时返回值为 0,并将程序的当前状态(寄存器的相关状态)保存在结构变量 env 中。当程序执行到 longjmp 时,系统会根据 setjmp 保存下来的状态 env 跳转到 setjmp 语句处,并根据 longjmp 的第二个参数设置此时 setjmp 的返回值。

本例程的运行结果为:
Jump …
Longjmp with value 1

一般地,宏 setjmp 和 longjmp 是成对使用的,这样程序流程可以从一个深层嵌套的函数中返回。

<signal.h>:信号

头文件 <signal.h> 中提供了一些处理程序运行期间引发的各种异常条件的功能,例如一些来自外部的中断信号等。

在 <signal.h> 中只定义了两个函数:

int signal (int sig, sigfun fname);

和

int raise (int sig);

signal 函数的作用是设置某一信号的对应动作。其中参数 sig 用来指定哪一个信号被设置处理函数。在标准 C 中支持的信号如表 4。

表 4   标准 C 支持的信号

取值	说明	默认执行动作	使用的操作系统
SIGABRT	异常中止	中止程序	UNIX DOS
SIGPPE	算术运算错误	中止程序	UNIX DOS
SIGILL	非法硬件指令	中止程序	UNIX DOS
SIGINT	终端中断	中止程序	UNIX DOS
SIGSEGV	无效的内存访问	中止程序	UNIX DOS
SIGTERM	中止信号	中止程序	UNIX DOS

参数 fname 是一个指向函数的指针,当 sig 的信号发生时程序会自动中断转而执行 fname 指向的函数。执行完毕再返回断点继续执行程序。系统提供了两个常量函数指针,可以作为函数的参数传递。它们分别是:

SIG_DEF:执行默认的系统第一的函数。

SIG_IGN：忽略此信号。

raise 函数的作用是向正在执行的程序发送一个信号，从而使得当前进程产生一个中断而转向信号处理函数 signal 执行。其中参数 sig 为信号名称，它的取值范围同函数 signal 中的参数 sig 取值范围相同。

下面通过例子理解函数 signal 和 raise。

例 B-2　signall 和 raise 函数演示

```
#include <stdio.h>
#include <signal.h>
void Print1();
void Print2();
int main()
{   signal(SIGINT,Print1);
    printf("Please enter Ctr+c for interupt\n");
    getchar();
    signal(SIGSEGV,Print2);
    printf("Please enter any key for a interupt\n");
    getchar();
    raise(SIGSEGV);
}
void Print1()
{
    printf("This is a SIGINT interupt! \n");
}
void Print2()
{
    printf("This is a SIGSEGV interupt! \n");
}
```

本例程首先通过用户终端输入 Ctrl+c 产生一个终端中断，然后应用 signal 函数调用中断处理函数 Print1；再通过 raise 函数生成一个无效内存访问中断，并通过 signal 函数调用中断处理函数 Print2。

本例程的运行结果为：

Please enter Ctr+c for interupt

^C

This is a SIGINT interupt!

Please enter any key for a interupt

a

This is a SIGSEGV interupt!

<stdarg.h>：可变参数表

可变参数表 <stdarg.h> 中的宏是用来定义参数可变的函数的。在 C 语言中，有些库函数或者用户自定义的函数的参数是可变的，常用省略号"……"（例如库函数中的 printf），定义这样的函数就要使用到 < stdarg. h > 中的宏。

1. va_list

用于保存宏 va_ start，va_ arg 以及 va_ end 所需信息的数据类型。

2. < stdarg. h > 中还定义了三个宏

void va_start(va_list ap, parmN)；

type va_arg(va_list ap, type)；

void va_end (va_list ap)；

va_start 的作用是初始化 ap，因此 va_start 要在所有其它的 va_开头的宏前面最先使用（除了用 va_list 定义变量外），后面的 va_copy，va_arg，va_end 都要使用到 ap。在一对 va_start 和 va_end 之间不能再次使用 va_start 宏。其中，parmN 为 "…" 之前的最后一个参数。例如，printf 函数定义为：printf（const char ∗ format，…）；那么在 printf 函数中的 va_start 使用之后，parmN 的值就等于 ∗ format。

va_arg 的作用就是返回参数列表 ap 中的下一个具有 type 类型的参数，每次调用 va_arg 都会修改 ap 的值，这样才能连续不断地获取下一个 type 类型的参数。

va_end 与 va_start 构成了一个 scope，va_end 标志着结束，va_end 之后 ap 就无效了。

< stddef. h > ：公共定义

在头文件 < seddef. h > 中，指定了标准库中的公共定义。其中主要包括以下内容：

1. NULL

空指针类型常量。

2. offset（type，member – designator）

它是扩展 iz – t 类型的一个整型常数表达式。它的值为从 type 定义的结构类型的开头到结构成员 member – designator 的偏移字节数。

3. ptrdiff_t

表示两指针之差的带符号整数类型。

4. size_t

表示由 sizeof 运算符计算出的结果类型，它是一个无符号整数类型。

5. wchar_t

它是一种整数类型，取值范围为在被支持的地域环境中最大扩展字符集的所有字符的各种代码，空字符代码值为 0。

< stdio. h > ：输入输出

在头文件 < stdio. h > 中定义了输入输出函数，类型和宏。这些函数、类型和宏几乎占到标准库的三分之一。

下面给出头文件 < stdio. h > 中声明的函数以及功能简介，见表 5。

表 5　　　　　　　　　　　　　< stdio. h > 中声明的函数

函数定义	函数功能简介
FILE * fopen（char * filename, char * type）	打开一个文件
FILE * fropen（char * filename, char * type, FILE * fp）	打开一个文件，并将该文件关联到 fp 指定的流
int fflush（FILE * stream）	清除一个流
int fclose（FILE * stream）	关闭一个文件
int remove（char * filename）	删除一个文件
int rename（char * oldname, char * newname）	重命名文件
FILE * tmpfile（void）	以二进制方式打开暂存文件
char * tmpnam（char * sptr）	创建一个唯一的文件名
int setvbuf（FILE * stream, char * buf, int type, unsigned size）	把缓冲区与流相关
int printf（char * format…）	产生格式化输出的函数
int fprintf（FILE * stream, char * format［, argument, …］）	传送格式化输出到一个流中
int scanf（char * format［, argument, …］）	执行格式化输入
int fscanf（FILE * stream, char * format［, argument…］）	从一个流中执行格式化输入
int fgetc（FILE * stream）	从流中读取字符
char * fgets（char * string, int n, FILE * stream）	从流中读取一字符串
int fputc（int ch, FILE * stream）	送一个字符到一个流中
int fputs（char * string, FILE * stream）	送一个字符到一个流中
int getc（FILE * stream）	从流中取字符
int getchar（void）	从 stdin 流中读字符
char * gets（char * string）	从流中取一字符串
int putchar（int ch）	在 stdout 上输出字符
int puts（char * string）	送一字符串到流中
int ungetc（char c, FILE * stream）	把一个字符退回到输入流中
int fread（void * ptr, int size, int nitems, FILE * stream）	从一个流中读数据
int fwrite（void * ptr, int size, int nitems, FILE * stream）	写内容到流中
int fseek（FILE * stream, long offset, int fromwhere）	重定位流上的文件指针
long ftell（FILE * stream）	返回当前文件指针
int rewind（FILE * stream）	将文件指针重新指向一个流的开头
int fgetpos（FILE * stream）	取得当前文件的句柄
int fsetpos（FILE * stream, const fpos_t * pos）	定位流上的文件指针
void clearerr（FILE * stream）	复位错误标志
int feof（FILE * stream）	检测流上的文件结束符
int ferror（FILE * stream）	检测流上的错误
void perror（char * string）	系统错误信息

在头文件 < stdio. h > 中还定义了一些类型和宏。

<stdlib.h>：实用函数

在头文件 <stdlib.h> 中声明了一些实现数值转换，内存分配等类似功能的函数。下面给出头文件 <stdlib.h> 中声明的函数以及功能简介，见表6。

表6　　　　　　　　　　　　　<stdlib.h> 中声明的函数

函数定义	函数功能简介
double atof（const char * s）	将字符串 s 转换为 double 类型
int atoi（const char * s）	将字符串 s 转换为 int 类型
long atol（const char * s）	将字符串 s 转换为 long 类型
double strtod（const char * s，char * * endp）	将字符串 s 前缀转换为 double 型
long strtol（const char * s，char * * endp，int base）	将字符串 s 前缀转换为 long 型
unsigned long strtol（const char * s，char * * endp，int base）	将字符串 s 前缀转换为 unsigned long 型
int rand（void）	产生一个 0 ~ RAND_MAX 之间的伪随机数
void srand（unsigned int seed）	初始化随机数发生器
void * calloc（size_t nelem，size_t elsize）	分配主存储器
void * malloc（unsigned size）	内存分配函数
void * realloc（void * ptr，unsigned newsize）	重新分配主存
void free（void * ptr）	释放已分配的块
void abort（void）	异常终止一个进程
void exit（int status）	终止应用程序
int atexit（atexit_t func）	注册终止函数
char * getenv（char * envvar）	从环境中取字符串
void * bsearch（const void * key，const void * base，size_t nelem，size_t width，int（* fcmp）（const void *，const *））	二分法搜索函数
void qsort（void * base，int nelem，int width，int（* fcmp）（））	使用快速排序例程进行排序
int abs（int i）	求整数的绝对值
long labs（long n）	取长整型绝对值
div_t div（int number，int denom）	将两个整数相除，返回商和余数
ldiv_t ldiv（long lnumer，long ldenom）	两个长整型数相除，返回商和余数

<time.h>：日期与时间函数

在头文件 <time.h> 中，声明了一些处理日期和时间的类型与函数。clock_t 和 time_t 是两个表示时间值的算术类型。结构 struct tm 存储了一个日历时间的各个成分。结构 tm 的成员的意义及其正常的取值范围如下：

```
struc t tm{
    int    tm_sec;      /*从当前分钟开始经过的秒数（0，61）*/
    int    tm_min;      /*从当前小时开始经过的分钟数（0，59）*/
    int    tm_hour;     /*从午夜开始经过的小时数（0，23）*/
    int    tm_mday;     /*当月的天数（1，31）*/
```

```
    int   tm_mon;      /*从 1 月起经过的月数（0，11）*/
    int   tm_year;     /*从 1900 年起经过的年数*/
    int   tm_wday;     /*从本周星期天开始经过的天数（0，6）*/
    int   tm_yday;     /*从今年 1 月 1 日起经过的天数（0，356）*/
    int   tm_isdst;    /*夏令时标记*/
};
```

如果夏令时有效，夏令时标记 tm_isdst 值为正；若夏令时无效，tm_isdst 值为 0；如果得不到夏令时信息，tm_isdst 值为负。

下面给出头文件 <time.h> 中声明的时间函数，见表 7。

表 7   **<time.h> 中声明的时间函数**

函数定义	函数功能简介
clock_t clock (void)	确定处理器时间函数
time_t time (time_t * tp)	返回当前日历时间
double difftime (time_t time2, time_t time1)	计算两个时刻之间的时间差
time_t mktime (struct tm * tp)	将分段时间值转换为日历时间值
char * asctime (const struct tm * tblock)	转换日期和时间为 ASCII 码
char * ctime (const time_t * time)	把日期和时间转换为字符串
struct tm * gmtime (const time_t * timer)	把日期和时间转换为格林尼治标准时间（GMT）
struct tm * localtime (const time_t * timer)	把日期和时间转变为结构
size_t strftime (char * s, size_t smax, const char * fmt, const struct tm * tp)	根据 fmt 的格式要求将 * tp 中的日期与时间转换为指定格式。

附 录 D

ASCII 表

ASCII 值	控制字符	ASCII 值	控制字符	ASCII 值	控制字符	ASCII 值	控制字符
0	NUT	32	(space)	64	@	96	、
1	SOH	33	!	65	A	97	a
2	STX	34	"	66	B	98	b
3	ETX	35	#	67	C	99	c
4	EOT	36	$	68	D	100	d
5	ENQ	37	%	69	E	101	e
6	ACK	38	&	70	F	102	f
7	BEL	39	,	71	G	103	g
8	BS	40	(	72	H	104	h
9	HT	41	)	73	I	105	i
10	LF	42	*	74	J	106	j
11	VT	43	+	75	K	107	k
12	FF	44	,	76	L	108	l
13	CR	45	-	77	M	109	m

续表

ASCII 值	控制字符	ASCII 值	控制字符	ASCII 值	控制字符	ASCII 值	控制字符
14	SO	46	.	78	N	110	n
15	SI	47	/	79	O	111	o
16	DLE	48	0	80	P	112	p
17	DCI	49	1	81	Q	113	q
18	DC2	50	2	82	R	114	r
19	DC3	51	3	83	X	115	s
20	DC4	52	4	84	T	116	t
21	NAK	53	5	85	U	117	u
22	SYN	54	6	86	V	118	v
23	TB	55	7	87	W	119	w
24	CAN	56	8	88	X	120	x
25	EM	57	9	89	Y	121	y
26	SUB	58	:	90	Z	122	z
27	ESC	59	;	91	[	123	{
28	FS	60	<	92	/	124	|
29	GS	61	=	93	]	125	}
30	RS	62	>	94	^	126	~
31	US	63	?	95	—	127	DEL

部分控制字符含义

NUL 空	VT 垂直制表	SYN 空转同步
SOH 标题开始	FF 走纸控制	ETB 信息组传送结束
STX 正文开始	CR 回车	CAN 作废
ETX 正文结束	SO 移位输出	EM 纸尽
EOY 传输结束	SI 移位输入	SUB 换置
ENQ 询问字符	DLE 空格	ESC 换码
ACK 承认	DC1 设备控制1	FS 文字分隔符
BEL 报警	DC2 设备控制2	GS 组分隔符
BS 退一格	DC3 设备控制3	RS 记录分隔符
HT 横向列表	DC4 设备控制4	US 单元分隔符
LF 换行	NAK 否定	DEL 删除

附 录 E

实验报告参考样本

课程名称：程序设计基础

实验编号及实验名称			系　别	
姓　名		学　号	班　级	
实验地点		实验日期	实验时数	
指导教师		同组其他成员	成　绩	

一、实验目的及要求

二、实验环境及相关情况（包含使用软件、实验设备、主要仪器及材料等）
1. 实验设备：微型计算机；2. 软件系统：Windows XP、Visual C++6.0、Internet 网络。

续表

三、实验内容

四、实验步骤及结果（包含简要的实验步骤流程、结论陈述，可附页）

五、实验总结（包括心得体会、问题回答及实验改进意见）

六、教师评语
1. 完成所有规定的实验内容，实验步骤正确，结果正确；
2. 完成绝大部分规定的实验内容，实验步骤正确，结果正确；
3. 完成大部分规定的实验内容，实验步骤正确，结果正确；
4. 基本完成规定的实验内容，实验步骤基本正确，所完成的结果基本正确；
5. 未能很好地完成规定的实验内容或实验步骤不正确或结果不正确。
6. 其他：

评定等级：优秀　良好　中等　及格　不及格

教师签名：
年　月　日

学号		姓名		实验名称	

参考文献

1. 潘海学等. ATLAS.ti 在科学研究中的应用. 北京: 清华大学出版社, 2009.
2. 孙培东. 关天稳定. 空间数据挖掘的技术及其应用. 北京: 清华大学出版社, 2009.
3. 朱明. 陈宏. C#嵌入式开发实例教程. 北京: 北京希望出版社, 2008.
4. 杨东. C#及SQL数据库开发实例解析. 北京: 机械工业出版社, 2009.
5. 王小科, 吕国梁. C#开发实例大全与经典源码. 北京（第二版）. 北京: 电子工业出版社, 2009.
6. 李长林. C#程序设计与应用开发案例教程. 北京: 清华大学出版社, 2007.

参考文献

1. 唐新来,王萌.C语言程序设计实验指导.北京:科学出版社,2009.
2. 杨莉,龚义建.C语言程序设计实训指导教程.武汉:华中科技大学出版社,2009.
3. 张涛,陈立志.C语言程序设计实训教程.重庆:重庆大学出版社,2009.
4. 赵骥.C语言程序设计上机指导与习题解答.北京:清华大学出版社,2009.
5. 苏小红,孙志刚.C语言大学实用教程习题指导(第2版).北京:电子工业出版社,2009.
6. 金保华.C语言程序设计实验指导与习题解答.北京:科学出版社,2007.